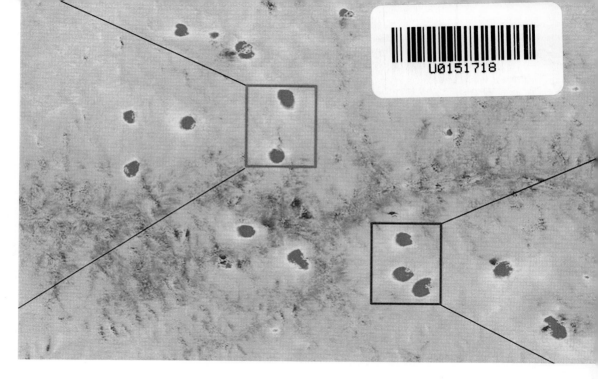

本书出版获得国家自然科学基金项目(51574221, 41962018)以及
东华理工大学学术专著出版基金的资助

基于InSAR/GIS的
矿区地下非法开采监测
关键技术研究

夏元平 著

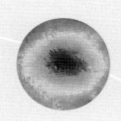

WUHAN UNIVERSITY PRESS
武汉大学出版社

图书在版编目(CIP)数据

基于 InSAR/GIS 的矿区地下非法开采监测关键技术研究/夏元平著.
—武汉:武汉大学出版社,2023.12
ISBN 978-7-307-23789-6

Ⅰ.基…　Ⅱ.夏…　Ⅲ.地下开采—矿山开采—监测—研究　Ⅳ.TD8

中国国家版本馆 CIP 数据核字(2023)第 096947 号

责任编辑:王　荣　　　责任校对:汪欣怡　　　版式设计:马　佳

出版发行:**武汉大学出版社**　　(430072　武昌　珞珈山)
　　　　　(电子邮箱:cbs22@ whu.edu.cn 网址:www.wdp.com.cn)
印刷:武汉邮科印务有限公司
开本:787×1092　1/16　印张:10.25　字数:200 千字　　插页:1
版次:2023 年 12 月第 1 版　　2023 年 12 月第 1 次印刷
ISBN 978-7-307-23789-6　　定价:46.00 元

前　言

我国的矿产资源属于国家所有。国家根据战略发展的需要，给有关单位或个人发放矿产资源开采许可证，并指导他们合理有序地开采，从而更好地服务国家经济发展。近年来，由于受到经济利益的驱动，部分非法开采分子在未取得矿产资源开采许可证的情况下，私自盗采国家的矿产资源。由于非法开采手段具有很大的资源破坏性和安全隐患，在非法牟取经济利益的同时，还破坏了生态环境，扰动了地球表面和岩石圈的自然平衡，造成地面沉陷等自然灾害，并引发了一系列严重的矿难事件。

非法开采是许多矿区存在的顽疾。有关部门为制止此类行为，采取了多种防范措施。但由于现有的非法采矿监督大多采用"逐级统计上报、群众举报、现场巡查"的"地毯式"方法，周期长、时效性差、人为因素影响大、准确度低，以致一些非法采矿监管困难。尽管采取了防范措施，但屡禁不止，严重影响矿产资源的正常开采秩序，形成安全事故隐患，造成重大伤亡事故及生态环境破坏。

为了实现在人无须进入井下或井下实测空间的条件下确定地下开采区域，继而进行非法采矿识别，本书在总结地下非法采矿类型和识别途径的基础上，从解决"地表形变信息的获取、地表形变信息与地下开采位置的关联、合法与非法开采的甄别"三个关键技术问题入手，综合运用空间对地观测技术、地理信息系统（Geographic Information Systems，GIS）、采矿工程等技术的理论成果，解决矿区范围内合成孔径雷达干涉测量（Interferometric Synthetic Aperture Radar，InSAR）获取地表形变信息的问题；以煤炭地下开采引起的地表沉陷为研究对象，在揭示地表形变信息与地下开采面的关联机理的基础上，构建能融合数据多源、反映多层次时空变化过程中地质空间与分布特征的 GIS 时空数据模型，建立地下合法开采和非法开采的甄别模型，并集成 InSAR 和 GIS 技术来实现矿区地下非法采矿的快速高效监测。

围绕上述研究目的，本书的研究内容包括以下几个方面：①总结了当前利用 InSAR 技术进行矿区地表形变监测的研究发展现状，进一步梳理了 SAR 成像原理以及合成孔径雷达差分干涉测量（Differential InSAR，D-InSAR）、永久散射体合成孔径雷达干涉测量技术（Persistent Scatterer Interferometric Synthetic Aperture Radar，PS-InSAR）、差分干涉测量短基线集时序分析技术（Small Baseline Subset InSAR，SBAS-InSAR）的基本原理和数据处理流程，分析了 InSAR 形变探测的主要误差来源，并从形变梯度、失相关等方面剖析了 InSAR 在矿区形变监测中的主要影响因素。同时，综述了当前国内外 InSAR 与 GIS 技术集成应用以及地下非法采矿监测的研究现状。②针对矿山地下开采诱发的地质现象和动态过程，根据地下非法采矿实时监测的实际需求，结合开采沉陷理论和规律，提出一种面向地下非法采矿识别的动态 GIS 时空数据概念模型。并且，通过对矿山开采沉陷时空变化过程进行模拟与描述，探究一种支持地质时空过程动态表达的 GIS 数据模型，在此基础上，搭建一种集成 InSAR 与 GIS 技术进行非法采矿识别的平台体系结构，为后续不同类型非法采矿事件的识别和监测提供平台保障。③针对引起地表较大量级形变的地下无证开采事件，在描述和构建基于开采沉陷特征无证开采识别模型的主要类及其相互关系的基础上，研究一种基于 D-InSAR 开采沉陷特征的地下无证开采识别方法。利用 D-InSAR 技术精准地获取了区域范围内的差分干涉图，再根据由地下开采引起地表沉陷区域独特的空间、几何、形变特征，构建可从分布范围较大的差分干涉图中快速、准确地圈定地表开采沉陷区的模型，并实现从圈定的开采沉陷区中进行地下无证采矿的识别。④针对引起地表小量级形变且隐蔽在房屋下的无证开采事件，在描述和构建地表建筑物沉陷特征提取模型的主要类及其相互关系的基础上，联合 PS-InSAR 技术和高分光学遥感提取出地表建筑物（房屋）的 PS 点集沉陷信息；根据提取出的建筑物沉陷信息，通过对各个建筑物的形变差值、形变梯度和累计形变量进行时空特征分析，研究一种从覆盖范围较大的建筑物沉陷信息中快速、准确地探测出疑似非法开采点的方法，实现对在自建民房内进行地下非法开采事件的快速识别。⑤针对地下越界开采识别的地下采空区位置反演的问题，在描述和构建矿山地表开采沉陷监测模型的主要类及其相互关系的基础上，研究运用 InSAR 技术和开采沉陷预计方法，探析边界角与覆（围）岩岩性等地质环境因素存在的函数关系，并根据 InSAR 技术获取的矿区地表形变信息反演出地下开采平面范围等参数，实现地下非法开采倾斜煤层采空区位置获取的方法。同时，通过模拟实验和实例分析验证了该反演方法的可行性与有效性。

在本书撰写过程中，得到国家自然科学基金项目（51574221，41962018）的资助，并得到汪云甲教授、陈晓勇教授、陈国良教授、程朋根教授、李大军教授、鲁铁定教授、刘波教授、王乐洋教授、闫世勇副教授、惠振阳副教授、艾金泉博士和杜森博士的帮助与指导。此外，在研究中还得到国土环境与灾害监测国家测绘地理信息局重点实验室等单位的支持，得到东华理工大学学术专著出版基金的资助。在此一并向他们表示衷心的感谢！

因本书中有较多彩图，为便于读者阅读，特将这些彩图做成数字资源，读者可在封底扫描二维码下载、阅读图件。由于本人水平有限，书中难免有不妥之处，恳请广大读者批评指正。

作者

2022 年 11 月

目　录

第1章 绪 论

1.1 研究背景和意义

非法开采是许多矿区存在的顽疾。近年来，随着经济的快速发展，受巨大经济利益驱动，少数非法分子在未取得采矿许可证的情况下私自盗采国家的矿产资源，且开采手段具有很大的资源破坏性和安全隐患，在非法牟取经济利益的同时，还破坏了生态环境，扰动了地球表面和岩石圈的自然平衡，造成地面沉陷等自然灾害，并引发了一系列严重的矿难事件(Zhao，2004)。有关部门为了制止非法采矿行为的发生，采取了多种监管措施。由于地下非法开采事件的识别难度较大，尽管采取了一定的防范措施，但还是屡禁不止，严重影响矿山正常的开采秩序，形成安全事故隐患，造成重大伤亡事故及严重的生态环境破坏问题。

据国家安全生产监督管理总局统计，我国生产了占全球 35% 的煤炭产量，却占据了全球因煤矿开采导致死亡人数的 80%，且大部分矿难是由地下非法采矿造成的（Hindu，2009）。比如，2013 年发生的"2·19 山西阳泉盗采煤炭资源透水事故"，由于非法采矿点的位置比较隐蔽，在一栋面积不到 10 平方米的自建房间内进行地下非法盗采煤炭，由于没有地质相关资料，以致施救被困人员的难度非常大，最终导致 7 人不幸遇难。[①] 2014 年发生的"安徽省淮南市谢家集区东方煤矿 8·19 重大瓦斯爆炸事故"，是一个典型的由于非法越界开采造成的重大事故，从 2010 年至 2014 年发生事故时，非法分子地下越界开采了近 4 年时间，盗采了 20 余万吨煤炭资源，最后导致瓦斯爆炸严重事故的发生，造成了 27 人不幸遇难以及 4511.05 万元的经济损失。[②] 2016 年，宁夏回族自治区石嘴山市林利煤炭有限公司三号矿井超层、越界组织开采煤矿 3

[①] 案例来源：https：//baike. so. com/doc/7838365-8112460. html.

[②] 案例来源：https：//baike. baidu. com/item/8%C2%B719%E5%AE%89%E5%BE%BD%E6%B7%AE%E5%8D%97%E7%85%A4%E7%9F%BF%E7%88%86%E7%82%B8%E4%BA%8B%E6%95%85/15417020? fr=aladdin.

年多，越界最远距离达到 1700m，并且是采用以掘代采煤矿的微风作业方式，以致地下工作面瓦斯积聚，并违章放炮，从而引起了瓦斯爆炸事故，最终导致 18 人死亡。[①] 2019 年，四川省通报了一起非法开采国家煤炭资源的事件，威远县境内的红炉井煤矿存在开采图纸作假、故意隐瞒工作面范围、地下越界开采等涉嫌违法盗采煤矿行为，造成了严重的安全隐患；并且通过地上无人机航空测绘和井下量测，发现地下开采范围已越过煤柱的保安边界，涉嫌越界开采面积近 7000m^2，给地面上的建筑物和交通设施安全使用带来了极大的威胁。[②] 由此可见，地下非法采矿的危害性极其严重，尽管当地政府相继采取有关措施进行严打整治，但地下非法采矿始终是采矿行业无法消除的一种顽疾。

一直以来，中国的煤炭产量居世界第一位，全国现有煤炭资源总量 5.6 万亿吨，其中 95% 属于地下开采。[③] 由于地下采矿位置极其隐蔽，且分布面也较分散，国土监管部门只是单纯地采取逐企、逐村、逐户"地毯式"的排查方法，很难有效地发现非法开采行为，且费时、费力。目前对于地下非法开采的监测主要是采取"拉网式排查、开展突击检查、群众举报"等传统方法，也有一些利用微震和信息化网络技术采集地下数据为手段进行非法采矿的监测（宋韦剑等，2013；王建民，单玉香，2009），但监测范围较小，定位精度也不理想。近年来，随着信息和遥感技术的迅猛发展，有些学者结合遥感技术开展非法开采的监督管理研究（赵家乐，陈浩，2019；乔玉良等，2008；张航等，2018），但更多的是针对露天非法采矿的现象，而难以准确监测到地下非法采矿事件。尽管国内外也有较多运用物探等技术来探测地下开采区域的研究成果（Thomas et al.，1999；程建远等，2008；刘继凯，2018），但时效性差，且受限于特定的小区域采矿区。因此，随着地下非法开采煤炭资源所引发灾难事故和自然灾害的不断加剧，寻求一种能够对地下非法采矿行为进行实时、动态监测的高新技术变得越来越迫切。

合成孔径雷达干涉测量（InSAR）作为一种空间对地观测新技术，近年来发展迅猛，具有全天候、全天时、高分辨率和连续空间覆盖的优势，能实施大范围内连续地表监测，具有探测地表微小形变的能力。近年来，随着 InSAR 测量技术的快速发展，以及 ALOS-PALSAR，TerraSAR-X 等星载 SAR 卫星系统的升空和相继发射成功，SAR 影像数据源和相关的监测理论和技术也日趋成熟，极大地促进了 InSAR 技术的相关应用和研究，逐步形成了以 InSAR 为主的多数据融合、多技术集成的矿区地表形变（沉降）信

---

① 案例来源：http：//news. cctv. com/2016/09/28/ARTIGOsxegTZmpQ8bHf84GZf160928. shtml.

② 案例来源：https：//baijiahao. baidu. com/s? id＝1634738040644348522&wfr＝spider&for＝pc.

③ http：//jlrbszb. cnjiwang. com/pc/paper/c/201807/14/content58012. html.

息获取技术(如图 1-1 所示),这为 InSAR 技术获取较大区域范围内矿区地表形变信息并进行地下非法开采行为的识别提供了数据保障和技术支撑。

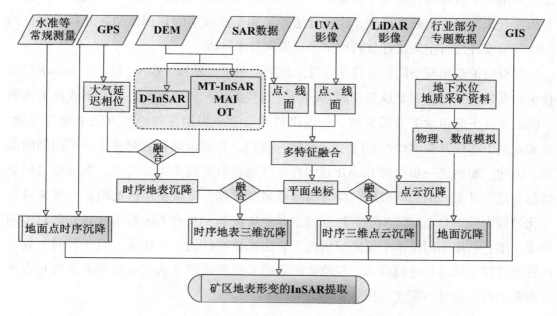

图 1-1 以 InSAR 技术为主的矿区地表形变信息获取

由于地下非法采矿是未取得采矿许可证而擅自在地下秘密开展的活动,具有极高的隐蔽性,且分布面广,加之不法分子往往会采取措施规避监管,这都加大了监管部门的查处难度。但当地下资源被开采出来后,其上覆岩层应力平衡遭到破坏,在一定时间的延迟后,将波及地表,导致采空区上方的地表产生规律的形变信息。若能有效捕捉、描述这些形变信息,揭示这些形变信息与地下开采区域的关联机理,理论上可以在某种程度上推演出地下开采区域,再与矿权范围进行比较,就能甄别出非法采矿事件。考虑到地下开采诱发的地表形变信息一般难以"祛除",且相关监测手段、沉陷规律及预测预报研究较多(蒲川豪等,2020;Kratzsch,2011;Grond,1953;吴侃,汪云甲,2012;张予东,马春艳,2020;刘玉成,2013;石晓宇等,2020;汪洁等,2020),可以作为确定地下开采区域的关键信息源,为地下非法采矿事件的识别提供决策依据。

然而,由于矿山工程地质条件和环境结构具有极强的复杂性,且矿山地下开采引起地表沉陷的动态过程具有多数据源、多空间维度和多时间粒度的时空变化特征,传统的地质信息系统所采用的数据模型,难以支持由地下开采引起地表形变过程的实时动态数字表达。而以空间综合分析为核心的地理信息系统(GIS),具有一定的空间决策分析和动态变化预测能力，在矿区地面沉降的信息表达、辅助决策及预测预警等方面取得了大量的研究成果(曹化平等，2010；李春雷等，2007；杨光锐，2014)，并被逐渐应用于矿区地面沉降时空规律研究(王珊珊，2011)。其相关的一些规律、方法等为构建开采沉陷时空数据模型，建立合法开采和非法开采的甄别模型，并对识别出的非法开采事件进行空间统计分析奠定了理论和技术基础。

尽管对地观测与空间信息科学、开采沉陷、采矿、地质、GIS、数字矿山等学科及技术的发展与相关的大量成果，而"大数据"时代到来，使在不能进入井下或井下实测空间的条件下确定地下开采区域，进而进行非法开采识别在理论与方法上成为可能。但实现地下非法开采活动"抗干扰"、高效、快速、自动识别是遏制非法开采问题的关键。因此，如何进一步挖掘 InSAR 技术在矿区地表形变监测中的潜力，揭示地表形变信息与地下开采面的关联机理，构建能融合多源数据、反映多层次地质矿山开采时空变化过程中空间分布特征的时空数据模型，并集成 InSAR 和 GIS 技术，建立针对不同形变尺度、利用不同技术手段来识别地下非法采矿事件的平台体系，对于及时查处矿产资源开发中的违法违规行为，规范矿产资源开发活动以及防灾减灾等方面都具有十分重要的理论指导与现实应用意义。

1.2 国内外研究现状

1.2.1 星载 SAR 系统的发展概况

合成孔径雷达(Synthetic Aperture Radar，SAR)的发展源自地面雷达系统。在第二次世界大战时期，为了能够在环境条件不好的情况下准确地发现和探测出军事目标，地面雷达系统慢慢地得到了发展和应用。同时，为了改善真实孔径雷达的分辨率，Carl Wiley 于 1951 年提出采用多普勒频移技术来提升真实孔径雷达方位向的分辨率，逐渐促使合成孔径雷达技术的诞生。20 世纪 70 年代，星载 SAR 系统的发展速度较缓慢，直至 90 年代才步入快速发展期，21 世纪进入蓬勃发展阶段(吴一戎，朱敏慧，2000)。当前，星载 SAR 系统已经发展成为 InSAR 监测地表形变研究的重要数据来源。

1978 年 6 月，世界上第一颗搭载 L 波段传感器的 SEASAT 卫星成功发射，获取了全球较大范围的雷达影像，用来监测南北两极的冰川和洋流，开创了星载 SAR 系统研究的历史(舒宁，2003)。尽管该卫星只运行了 106 天，但在其工作期间获取了覆盖地表近 100 万平方千米的雷达影像数据，被广泛应用于冰川、地球物理等研究领域中(Cumming，Bennett，1979；Gerling，1986；Farr et al.，1995)。

1981 年 11 月、1984 年 10 月和 1994 年 4 月，美国宇航局又相继发射了 SIR-A、SIR-B 和 SIR-C/X-SAR 系列卫星，前两种卫星只携带单频、单极化传感器，而 SIR-C/X-SAR 由于具有能获取多种波段、多种极化的图像，并且还能进行重复轨道干涉测量，这为 SAR 系统的多波段、多极化发展奠定了基础(舒宁，2003)。2000 年 2 月，美国宇航局成功发射了双天线干涉成像雷达系统，用于执行对覆盖地球陆地较大区域范围内的地形测量任务。1988 年 12 月，美国还发射了军事侦察雷达卫星，具有多种波段成像能力，实现了覆盖全球地表范围的观测任务，且具有 1m 的空间分辨率，能够实时监测到地面上的各种目标实体(邵立新等，2012；Miller et al.，2010)。

到了 20 世纪 90 年代初期，雷达系统不断成熟，且陆续发射了搭载各种传感器的 SAR 卫星。1991 年 7 月，欧洲航天局发射了搭载 C 波段的卫星 ERS-1，它采用的是 VV 极化方式，该系统运行稳定，成像质量高，在许多领域得到广泛应用。1992 年 4 月，欧洲航天局又发射了 ERS-2 卫星。ERS-2 系统参数与 ERS-1 基本相同，两者的串行模式即可实现在一天内获取同一地区 SAR 影像，实现了多任务的高相干 SAR 干涉测量研究，在地表形变监测的实际应用中取得了许多成果(Small et al.，1994；马宏林，1995)。

1992 年 2 月，日本发射了 L 波段地球资源 1 号卫星 JERS-1。该卫星波长较长，穿透能力强，受空间基线和时间失相干影响小，在较大梯度的地面形变监测中优势明显，但轨道误差较大，从而降低了它的适用性。1995 年 11 月，加拿大成功发射了卫星 Radarsat-1，搭载了 C 波段的传感器，可提供 25 种不同模式的波束，不但具有商业功能，还具备科学用途，为海洋和资源的观测等方面的应用提供了数据支撑(Jezek，1999；Australia，2014)。

以上系统为星载雷达系统的进一步发展提供了技术支撑，积累了经验，并为初期干涉测量的应用研究提供了丰富的实验数据。

进入 21 世纪，星载 SAR 系统不断拓宽 SAR 遥感数据的研究领域和应用需求，朝着多波段、多极化、高分辨率和多模式方向发展，并陆续投入使用。2002 年 3 月，欧洲航天局继 ERS-1/2 后发射了 C 波段多极化干涉成像雷达系统 ENVISAT 卫星，该卫星主要用于环境监测，有 5 种成像模式，可提供不同空间分辨率的遥感数据，在海洋监测、地球环境监测等研究领域发挥了重要作用(高峰，1997)。同年 7 月，美国宇航局研制出具有四种不同极化模式的 LightSAR 卫星，可用于提取地面目标的表面特征和开展重复轨道的干涉测量工作(何秀凤，2012)。

2006 年 1 月，一颗装置了 L 波段传感器的 ALOS 雷达卫星在日本成功发射。该卫星采用了先进的陆地观测技术，穿透力强，抗失相干性好，在区域地表沉降监测、区域环境观测、灾害监测、资源调查等方面的研究中有着广泛应用(冯琦等，2012；吴瑞娟等，2012)。2014 年 5 月 24 日，日本又成功发射了 ALOS 的后继星 ALOS-2 卫星，具有更高的空间分辨率和更强的穿透能力，且重访周期更短，可以提供多种分辨率的条带模式，在地壳监测、资源环境调查和矿区环境治理等应用领域发挥更重要的作用(刘宇舟等，2016；云影，2014)。

2007 年 6 月，德国宇航中心成功发射了一颗装置了 X 波段传感器的卫星 TerraSAR-X，具有亚米级的空间分辨率。在 2010 年 6 月，德国宇航中心又发射了一个能与 TerraSAR-X 雷达卫星同步飞行的 TanDEM-X 雷达卫星，构成一个分布式协同工作模式和一套高精度的雷达干涉测量系统，并提供全球高分辨率 SAR 遥感数据，分辨率最高可达 0.25m，可应用于基础地形测绘、地表形变监测和地质灾害监测等多个领域(赵超英等，2012；魏钜杰等，2009)。

2007 年 6 月，意大利发射了第一颗 COSMO-Skymed 雷达卫星，由 4 颗 X 波段雷达组成，每颗卫星都配有一个高分辨率的多模式 SAR 成像系统，主要用于雷达干涉测量地表形变和监测沿海周边地区(Lombardo，2004)。同年 12 月，CSA 又发射了侦察卫星 Radarsat-2，增加了多极化的成像能力，并能实现对运动目标的检测，且将单视图像分辨率提高到 3m，广泛应用于防灾减灾、环境变化以及冰川表面运动监测等众多方面(陈旸，2007；Ren et al.，2015)。

2014 年 4 月和 2016 年 4 月，欧洲航天局陆续发射了 Sentinel-1A 和 Sentinel-1B 环境监测卫星，该系统单星重复观测周期为 12 天，双星串联的观测周期缩短为 6 天，能够全天候、全天时成像，具有多模式、多极化、中分辨率的特点，主要用于海洋环境、地表形变和地质灾害等方面的监测(Velotto et al.，2016；方勇，孙龙，2015)，并且该数据产品向全球用户免费开放，开辟了星载 SAR 对地观测技术发展和应用的新纪元。

相对而言，我国在星载 SAR 系统领域的研究起步较晚，但近些年来，经过对星载 SAR 系统的技术攻关，在 2012 年，成功发射了单极化雷达成像的 HJ-1C 卫星，并顺利地接收到相关的雷达图像，空间对地观测技术得到不断发展。2016 年 8 月，我国成功发射的高分三号卫星，是我国首颗装载了 C 波段传感器的多极化雷达卫星，它的设计使用寿命是 8 年，具有 1m 的影像分辨率和 12 种成像模式。尤其是利用高分三号卫星图像进行对地观测试验的顺利完成，使得我国雷达干涉测量技术得到新的发展(张庆君，2017)，对进一步提升我国空间对地观测能力具有重大的现实意义。

总的来说，全球的星载 SAR 系统经过几十年的努力和积累，SAR 技术得到了广泛的应用和迅猛的发展。SAR 卫星也从最初的寥寥几个发展到如今的众多系统(如图 1-2 所示)，正朝着短重访周期、高分辨率、多视角、多平台、多波段、多极化、多模式的趋势发展。且随着全球投入运行的星载 SAR 系统不断增多，将为广大用户和科研工作者提供类型更丰富、信息更可靠、质量越来越高的 SAR 数据源，InSAR 技术也将在未来的基础地形测绘、地表形变观测、地质灾害监测以及资源环境监测中发挥越来越重要的作用。

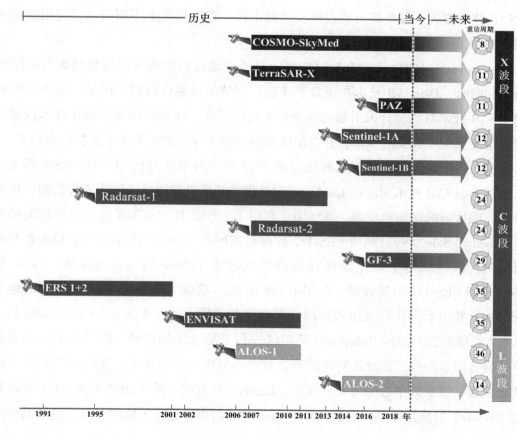

图 1-2　国内外主要的星载 SAR 系统

1.2.2　InSAR 矿区地表形变监测研究现状

早在 19 世纪中叶，有些国家就开始致力于分析因地下开采诱发的地表形变问题，并不断探究因地下开采导致地表沉陷的变化规律，并取得了大量的研究成果（宁树正等，2008）。20 世纪 50 年代，我国也逐渐加强了对开采沉陷现象的研究，还在研究区建立了开采沉陷变化观测站，观测站的成功建立，推动着我国矿区地表沉陷观测及其相关理论研究工作的发展（吴立新等，2004）。随着开采沉陷研究工作的不断深入，由单纯地利用传统的水准、全球定位系统（Global Positioning System，GPS）和远程监控等技术来监测矿区地表形变的手段，逐步发展为利用空间对地观测技术实时、高效、精准地监测矿区地表形变信息。SAR 作为一种新的空间对地观测技术，在初期主要运用于地形地貌测绘等基础应用方面的研究。Garbriel 等（1989）首次采用 D-InSAR 技术监测到 Imperial 峡谷由于黏土吸水性而引发的地表形变信息，并开展了实验研究，表明 D-InSAR 方法可监测到较大区域范围内厘米级甚至亚厘米级的地表沉陷信息。从此，D-InSAR 技术作为一种全新的地表形变监测手段，在实用化上不断提高，应用领域也得到不断的扩展。

Massonnet 等（1993）使用 D-InSAR 技术对地表地震后形变场的测量结果与传统测量结果相吻合，D-InSAR 技术在地表形变监测领域的优越性得到了彰显。学者纷纷利用 D-InSAR 技术对资源开采引起的地表形变进行研究，这为利用 D-InSAR 技术监测矿区地表形变奠定了扎实的基础，并在矿区沉陷监测领域取得了不少令人振奋的结果。

Camec 等（1996）首次利用欧洲航天局 1992 年 7 月至 9 月间的三景 ERS-1 影像数据，通过 D-InSAR 技术对法国 Gardanne 附近煤矿开采引起的地表形变进行监测，提取了开采沉陷区域的地表形变场，并证明了利用 D-InSAR 技术获取矿区沉陷信息的精确性。Wright 和 Stow（1997）利用 ERS-1/2 数据对英国的 Selby 煤矿开采引起的地表变形进行监测，最终获得了一个监测周期内矿区地表 110mm 的最大沉降值。Persk 等（1998）基于 ERS-1/2 卫星数据，利用 D-InSAR 技术获取了波兰 Suesian 煤矿区的地表形变数据，并用于指导当地相关部门开展矿区的监管工作。Wegmuller 等（2000）基于 ERS-1/2 影像数据对德国 Ruhrgebiet 某矿区进行了地表沉陷监测。结果表明，由于受季节差异等因素影响，部分像对在沉陷盆地中心出现失相关现象，导致 InSAR 技术难以准确获取下沉盆地中心的最大下沉值。Carnec 等（2000）利用 1992 年至 1995 年间的 13 景 ERS-1/2 卫星影像再次对法国 Gardanne 附近的煤矿进行了监测，将监测结果与同期水准测量数据进行对比分析，得出地表沉陷盆地的移动与地下工作面的推进情况相吻合。此后，利用 InSAR 技术来开展矿区沉陷监测的应用和研究成果与日俱增。

考虑到监测较大量级矿区地表沉陷时，C 波段影像难以获取到真实、准确的盆地中心下沉值，Spreckels 等（2001）建议使用具有较长波长的影像数据来进行监测。Ge Linlin 等（2001）提出了联合 GPS 测量技术，通过在矿区地表上布设角反射器，然后利用高精度的 GPS 测量数据进行大气延迟误差的改正，以得到二者信息的互补，最终监测到矿区地表亚厘米级的沉陷值。Berardino 等（2002）提出了小基线集（SBAS-InSAR）的算法，减少了时空失相干和大气相位延迟等因素的影响，这在一定程度上提升了 InSAR 监测的精度，从而为后期矿区沉陷 PS-InSAR 及 SBAS 监测技术的深入研究奠定了基础。

Strozzi 等(2003)采用较长波长的 L 波段数据来监测德国 Ruhrgebiet 地区,证明了在植被覆盖比较茂盛的区域,长波段的 L 波段数据监测效果比 C 波段的数据更好。Ge Linlin 等(2004)采用多源 SAR 数据对监测到 Sydney 西南地区的矿区地表形变信息进行了对比分析,再次论证了 L 波段的数据更适合对植被覆盖相对茂密的矿区进行沉陷监测。Colesanti 等(2005)采用 ERS-1/2 数据对法国某矿区进行时序 PS-InSAR 监测,获取了该矿区一个较大范围的地表沉陷区,并制作出 DEM(Digital Elevation Model)数据。

Jung 等(2007)利用 25 景 JERS-1 卫星影像数据,采用 PS-InSAR 技术监测韩国 Gaoeim 煤矿区废弃矿井的地表形变信息,获得了该矿区的地表平均沉降速率为 0.5cm/a,与同期的水准监测结果相吻合。Baek 等(2008)基于覆盖研究区 1992—1998 年的 23 景 JERS-1 影像,联合 SBAS-InSAR 和 GIS 技术获取韩国 Gangwon-do 矿区的地表平均沉降速率,结果表明利用 SBAS-InSAR 技术来获取矿区地表沉陷信息是可行的。

Wegmueller 等(2010)针对常规 PS-InSAR 技术监测缓慢、匀速形变信息的不足之处,通过改进算法,使其适用于因深部地下煤层开采引起的相对快速且非均匀的地表形变监测,通过对比表明该监测结果与实测结果相一致。Alex Hay-Man Ng 等(2011)通过融合多源 SAR 影像数据,监测了澳大利亚新南威尔士州南部高原煤矿区的三维地表形变,证明该融合方法的有效性。Atanu Bhattacharya 等(2012)首次采用 D-InSAR 技术获取了印度 Jharia 煤田的开采沉陷值,并制作了该区域的数字高程模型(DEM)数据产品。

Samsonov 等(2013)通过融合多种时序 InSAR 方法,监测了位于德国和法国边界因地下开采引起的地表沉陷信息,提出了一种联合多源、多尺度的矿区地表形变监测方法。Miguel Caro Cuenca 等(2013)采用 PS-InSAR 技术方法监测荷兰 Limburg 地区关闭的矿井,并综合地质水文资料分析了矿区地表沉陷与矿井浅表层地下水位的关系。Bateson 等(2015)基于 55 景 ERS-1/2 数据利用 SBAS 技术监测英国南威尔矿区范围内的地表形变,得知该地区近期地下开采区域的地表面以 10mm/a 的速度向上隆起,地质调查结果表明该现象与地下水回流有关。

2016 年,基于 X 波段的 TerraSAR 高分辨率影像,捷克 Jirankova 等监测了 Ostrava-Karvina 矿区地下开采引起的地表形变,实验表明,X 波段的 TerraSAR 高分辨率影像有效地降低时空失相干的现象,可监测到矿区地表较高精度的沉降分布结果。此外,Thapa、Przylucka 等国外众多学者也不断拓展了 InSAR 技术在矿区形变监测领域的应用和研究(Thapa,2016;Przylucka,2015),在助推 InSAR 技术的快速发展方面均作出重要贡献。

纵观国内,尽管运用 InSAR 技术对矿区开采沉陷监测的研究起步比较晚,但随着国际上 InSAR 技术的日益成熟和广泛应用，以及我国煤炭开采力度的不断增大，且因过度开采所导致的地面沉陷问题不断发生，近些年来，国内学者在采用 InSAR 技术监测矿区开采沉陷方面开展了大量的应用研究工作，并取得了一些有重要意义的研究成果。InSAR 技术监测矿区开采沉陷的研究工作主要集中在如何提高矿区地表形变 InSAR 监测精度、以 InSAR 技术为主的多技术的集成和多源数据的融合、InSAR 矿区地表三维形变监测、InSAR 矿区地表三维形变预计等领域。

姜岩（2003）介绍了利用 InSAR 技术在德国矿山开采沉陷监测方面取得的成果，指出该技术将成为矿区开采沉陷监测的一种新方法。此后，我国学者利用 InSAR 技术开展矿区地表开采沉陷监测的研究工作逐步增多。吴立新（2005）分别采用两轨法和三轨法对唐山地区的地表沉陷问题进行了监测研究，分析讨论了时空失相干、空间去相干等误差因素对监测结果的影响，指出结合反射器的方法可提供矿区地表沉陷监测的精度。张振生（2006）基于 14 景 JERS-1 和 6 景 ENVISAT 影像数据，分别采用两轨法和三轨法对河北省武安矿区的地表沉陷进行了监测，获取了 1993 年至 2004 年间武安矿区的开采沉陷信息，并综合分析了开采行为和气候环境条件对地表沉陷的影响。

丁建全（2006）基于 D-InSAR 技术对地下开挖空间进行了分析，在系统阐述了影响干涉数据相干性的各种因素的基础上，获取了矿区地表下沉等值线和剖面曲线图，再根据开采沉陷预计模型，对地下开采空间进行了分析。王行风（2007）利用两轨法对山西潞安矿的地表开采沉陷分布情况进行了监测，监测结果与地下开采工作面位置在时空上较一致。独知行（2007）充分讨论了传统测量手段存在的不足，并提出了结合运用 InSAR 与 GPS 数据进行矿区地面沉降的监测。范洪冬（2008）提出将 InSAR 与 GPS、GIS 等技术融合监测的新思路，指出多技术融合方案在矿区开采沉陷监测中的可行性。何建国（2009）利用长时序监测的方法获取了河北峰峰矿区的形变信息，并与水准测量和 GPS 测量方法进行对比，得出三种方法在监测到矿区地表沉陷信息的位置和范围基本一致，都具有较高的监测精度。

2010 年，为解决长时间基线导致沉降特征点错失的问题，阎跃观（2010）建立了 GPS 与 InSAR 联合加密的观测模型，并开展了相关研究。范洪冬（2010）以控制点修正和多视处理两种方式，总结出 D-InSAR 监测得到的开采沉陷下沉值小于实测值的规律。盛耀彬（2011）采用 9 景 ALOS PLASAR 卫星影像数据，提取了澳大利亚 Westcliff 及 Appin 煤矿因井下开采导致的地表非线性形变信息，并探究了利用 D-InSAR 监测结果来分析矿区地表三维形变的方法及其可行性。邢学敏（2011）联合 CR-InSAR 与 PS-InSAR 技术监测到河南白沙水库周围矿区地表的时序形变信息。

赵超英等（2011）通过利用 MODIS 水汽产品来减弱水汽对 SBAS-InSAR 监测结果的

影响，并获得了大同地区地下开采引起的地表形变信息。陶秋香等（2012）对 C 波段和 L 波段 SAR 影像的监测能力进行了研究，得出波长较长的 L 波段 SAR 影像数据具有更好的保相能力。2014 年，基于 TerraSAR-X 和 ALOS-PALSAR 影像数据，刘东烈等采用 SBAS-InSAR 和 TomoSAR 技术监测了山西太原市附近的开采沉陷区，并首次对矿区地表较大量级的沉陷值进行四维层析监测。

陈炳乾等（2015）通过融合三维激光扫描技术提取出整个沉陷盆地形变场，并融合 InSAR 结果数据与 SVR 算法构建了沉陷预计一体化模型。董少春等（2015）采用叠加合成孔径雷达干涉测量技术（Stacking Interferometric Synthetic Aperture Radar, Stacking-InSAR）和 SBAS-InSAR 两种方法对淮南矿区地表开采沉陷信息进行了监测，并取得了较好的监测效果。牛玉芬（2015）提出一种基于人工角反射器（Corner Reflector，CR）识别的像素偏移量跟踪技术，为矿山地表开采沉陷的精准监测提供了新思路。徐良骥等（2017）采用多源数据对淮南矿区新庄孜矿老采空区上方地表的残余沉陷规律进行了分析，为其他煤矿区开展相关的沉陷监测工作提供技术支撑。此外，朱建军等（2011）、邓喀中等（2019）众多国内学者在矿区地表形变 InSAR 监测领域也做出具有理论和实践意义的研究工作。

综上所述，无论是传统的 D-InSAR 方法还是 PS-InSAR、SBAS-InSAR、临时相干点（Temporal Coherence Point InSAR，TCP-InSAR）时间序列方法，均以相位解缠为核心，只能监测到未超过相位解缠形变梯度阈值的矿区地表形变，且仅能获取矿区地表一维雷达观测方向（Line of Sight，LOS）形变，即便联合多孔径雷达干涉技术或使用像素偏移量追踪技术也仅能获得地表沿着 LOS 和方位向的二维形变。由于矿区地表形变发生在垂直、东西向和南北向的三维空间，因此，仅利用 InSAR 监测到的沉陷信息不足以真实地表达矿区地表的沉陷精度（胡俊，2013）。况且，矿区地表动态沉降过程是一个动态的时空演化过程，仅依靠 InSAR 监测结果难以准确地预计由地下开采引起的地表三维空间沉陷信息。鉴于此，国内外众多学者通过增加额外观测方程或结合开采沉陷机理对 InSAR 矿区地表三维形变监测和预计方法进行了大量的实验和应用研究（Wang et al.，2018；Yang et al.，2018；Yang et al.，2018；Wang，2018；Zheng，2019；Yang et al.，2018）。

1.2.3　InSAR 与 GIS 技术集成应用研究现状

地理信息系统（GIS）作为一种专门的开发与应用技术，能存储、管理和处理多尺寸、多来源和海量空间数据，具有很强的专题制图、空间分析、三维建模等功能；它可以对不同数据来源的海量数据进行实时动态存储、组织管理、集成应用等操作；并且，它作为一新型的基础集成平台系统，可为各种地学空间数据的组织管理和时空分析提供智能化服务（徐彬，2009）。近年来，随着空间信息和对地观测技术的快速发展及其在矿区地表沉陷监测中的不断应用，InSAR 技术和 GIS 技术相结合的应用研究也日益增多。

Ge Linlin（2003）利用 InSAR 获取了某矿区在 1993 年 11 月到 1994 年 3 月期间的地表形变值，然后结合 GIS 技术对 InSAR 监测数据进行后处理并做了沉降分析，可直观地掌握矿区的沉降范围及沉降程度。陈基炜（2004）在利用 GPS 提供的参数信息辅助 InSAR 技术实现亚毫米级沉陷监测的基础上，研究了利用 GIS 来处理、解译和分析 InSAR 和 GPS 监测数据的方法。黄宝伟（2011）通过 D-InSAR 获取了葛亭煤矿多期地表沉降信息，利用 GIS 对监测数据做后相关处理，通过结合数字正射影像图和矿区地下工作面等信息，并以剖面图和三维可视化等方式来表达矿区地表开采沉陷分布情况。王珊珊（2012）提出结合运用 InSAR 和 GIS 来建立矿区地表沉陷动态分析的监测平台，并应用该平台获取了山东省济北煤矿西北部地面沉降的分布情况和时空变化规律。王国胜等（2013）基于 SAR 和 GIS 设计了一种输电线路广域监测系统，并以三维 GIS 为平台，实现了输电线路广域监测信息的显示、存储、分析和预警等功能。王刘宇等（2015）通过 D-InSAR 技术监测到矿区附近公路设施的形变情况，并利用 GIS 的空间分析功能，获取到研究区的沉陷范围及公路设施的沉陷值。李如仁等（2017）将地基干涉合成孔径雷达（Ground-based Interferometric Synthetic Aperture Radar，GB-InSAR）监测到的变形数据与 GIS 有机地连接起来，利用 GIS 强大的图形显示和空间分析能力来动态、直观地展示矿区地表的变形信息，为矿产资源的有序开采提供了有力的决策支持。郑美楠等（2017）将 D-InSAR 技术处理获取的矿区地表沉降值与 GIS 技术相结合，描述了矿区地表形变和铁路形变的动态发展过程。吴岳等（2017）结合运用干涉点目标分析技术（Interferometric Point Target Analysis，IPTA-InSAR）与 GIS 技术，监测了河北沧州地区地表沉陷的分布情况。

上述研究表明，通过结合 InSAR 与 GIS 技术各自的优势，可以快速、直观地掌握矿山地表形变的时空变化规律和发育特征，且随着应用领域的不断拓展和技术的不断提升，它们的结合应用也逐步由静态向动态、由现状描述向预警预报的阶段发展。InSAR 与 GIS 技术的结合，既可以确保 GIS 具有稳定和高效的数据源，又可对多源遥感信息进行综合处理、同步管理和时空分析，实现动态监测和预警预报的目的。然而，对于矿山开采的整个动态过程来说，蕴含着大量和丰富的时空知识信息，要实现对矿山开采的时空知识信息的管理和组织，需构建相宜的数据模型来描述矿山地质的变化特征和几何结构。近年来，有关时空数据模型的理论和方法被 RS 和 GIS 等众多专业领域的学者密切关注。

20世纪60年代，国内外学者就开始了对时空数据模型的研究，但研究进展相对比较滞后和缓慢。直至20世纪末，Langran（1992）在探究了时空立方体和基态修正等四种模型的基础上，提出了"GIS中的时间"，标志着时空数据模型正式成为GIS研究的热点问题，此阶段的研究注重的是实现实体状态变化记录的时态快照，但难以表达地理实体对象变化的前后对照关系。为了能够表达地理对象之间的时空变化关系，领域方向也慢慢侧重时空结构和模型修正等，比如面向对象的时空数据模型（Worboys，1994）、基于特征的时空数据模型（李小娟，1999）、面向过程的时空数据模型（Pang et al.，1999）等，但这些模型难以描述引起地理对象状态发生时空变化的诱因。因此，为了能够表达地理对象与对象之间，或者地理对象与外界环境之间的交互作用关系，学者从基于事件的模型（Peuquet，Duan，1995）、基于图论的模型（尹章才，2003）和时空三域模型（Yuan，1994）等方面开展了深入的研究。近年来，时空数据模型的相关研究已在土地利用、防灾减灾等方面得到应用，并被广泛应用于矿山开采监管等领域。

郭达志（1993）通过将一个目标定义为各种复杂的历史因素构成的集合体，基于空间和时间综合四维数据模型提出了矿山GIS的概念。张山山（2001）通过运用时间参数和序列快照模型，建立了地震灾害的动态演化模型，并验证了模型的适应性。冯杭建等（2010）提出基于事件的动态多级基态修正模型，并利用该模型开发了地质灾害时态GIS系统。田善君（2013）通过探究地质时空数据模型的运行机制，构建了面向矿山开采监管的时空数据模型，可对地质矿山各类时空数据进行动态的存储和分析。王强（2015）根据现有时空数据模型和地面沉降时空变化特征，构建了基于动态多级基态修正模型的地面沉降灾害时空数据模型。阙翔（2015）针对矿山开采地质时空中的现象和过程，通过分析地质空间中各种对象在时变空变条件下的数字表达，提出一种包含时空过程、几何尺度和语义的地质时空数据模型。白春妮（2016）提出一种适用于地下矿多源异质数据的时空数据模型，为地下矿多源异质数据的管理提供了标准化的存储方法。宋拓（2018）根据矿山地下开采的工作要求和表现特征，结合时空数据模型，开发了矿山地下开采的管理系统，实现了巷道推进和属性查询等相关功能。

综上所述，在国内外众多学者的不懈努力下，当前围绕时空数据模型的研究和应用已取得较为丰硕的成果。然而，由于矿山开采沉陷时空变化的动态过程是十分复杂的，受到矿山内部状态和外部环境等不同因素的交互作用，且在不同的环境下会有不一样的表象特征。因此，要实现利用矿区地表形变信息来识别地下非法采矿事件，迫切需要构建一种能支持矿山开采沉陷时空过程动态表达的时空数据模型，以便为矿山开采秩序监管和非法采矿事件的实时预警预报提供基础支撑。

1.2.4　地下非法采矿监测研究现状

目前对于非法开采的监测主要采取"逐级统计上报、群众举报、现场巡查"等传统方法，但这些方法的精准度不够高，且周期比较长，以致监测效果不佳。近年来，随着遥感技术的迅猛发展和影像分辨率的不断提高，有些学者结合遥感技术开展非法开采的监督管理研究。王永刚(2008)利用 RS 技术，搭建了一种监测非法采矿行为的 GIS 监管平台，为北京市矿产部门快速、高效地打击非法采矿行为提供了科学执法依据。周学珍等(2013)结合运用 RS 和 GIS 技术，对陕西省神府煤矿区煤炭资源开采秩序进行了动态监测。为更好地监测离子吸附型稀土矿山的开采现状，代晶晶等(2014)采用 IKONOS 和 QuickBird 的高分辨率遥感数据，对江西省赣南地区稀土矿的非法开采监测方法进行了研究和应用。贾利萍(2016)采用高分辨率 IKONOS、QuickBird、Geoeye-1、WorldView-2、高分一号、高分二号、无人机遥感影像数据，对开发状况和勘探状况等信息建立解译标志，将采矿权、探矿权数据与遥感影像进行叠加，实现了对安徽省重要矿区越界开采、无证开采、以采代探等多种违规类型矿山的识别。刘立等(2019)利用 2011 年至 2015 年的高分辨率遥感影像，对湖南省露天非法采矿的越界开采情况进行了监测，掌握了当地越界采矿行为的分布情况。以上研究主要是通过对不同分辨率的光学遥感影像进行解译，根据地面矿山上道路、建筑物等辅助设施的表征，对矿山的开采情况进行解译，据此判定是否存在非法采矿行为。该方法需要专业人员对遥感影像进行判读，若对矿区做了"消除"或干扰措施及进行了伪装，则此方法难以奏效。

为了能够及时、有效地探测地下越界非法采矿行为，也有一些学者以微震和信息化网络技术采集地下数据为手段来进行监测，韩瑞亮等(2011)利用时空定位技术，开发了一种微震监测系统，并用该系统开展了非法采矿事件的监测应用研究。杨晓哲(2014)从越界开采定位技术原理出发，分析越界开采爆破信号和一般微震信号的特点，研究出越界开采爆破事件的识别方法，并于 2014 年 7 月在陕西省三道沟煤矿风井矿区附近实地进行越界开采定位实验。徐顺强(2015)利用微震震源的精确定位方法，开展了定位追踪地下工作面的实验研究，证明了该办法能有效地监测到地下非法采矿和越界采矿的行为。以上研究主要以微震和时空定位方法为主要技术支撑，实现对矿山非法采矿事件的实时监测，但该技术能够监测到的区域范围较小，且定位精度不理想。国内外亦有不少运用物探、化探和钻探等方法探测地下开采区域的研究成果(李文等，2011；Panigrahi，Bhattacherjee，2004；黄采伦，黄晓煌，2009)，但这些方法费时费力，且监测范围也很有限。因此，研究能够对地下非法采矿进行"抗干扰"、高效、快速、自动地识别与监测的技术方法非常有意义。

地下资源开采到一定程度时，会在地表或多或少地留下如地表形变(沉陷)的痕迹

（亦称地表采动信息）（Azcue，Earle，1999）。若能有效捕捉、描述这些地表采动信息，揭示这些信息与开采区域的时空联系，理论上就可在某种程度上识别出地下开采区域，再与采矿许可范围比较，就可识别出非法开采行为的具体范围。地下开采诱发的地表形变一般难以"消除"，且形变相关监测手段及开采形变预测预报研究成果较多，可以作为确定开采区域的关键信息源。基于空间信息技术、空天地监测数据及多学科知识，理论上可以实现非法开采"抗干扰"、高效、快速、自动地识别，但必须解决包括地表形变在内的地表采动信息获取、地表采动信息与地下开采区域关联、合法开采与非法开采区分与甄别等关键技术问题。

快速、准确获取地表形变信息的重要途径是应用 InSAR 技术，这也是近些年来国内外的研究热点。德国、西班牙、澳大利亚、法国等国外学者在实践、理论、算法与应用等方面取得了众多成果（Ge，2007；Wright，Stow，1999；Katzenstein，2008；Ketelaar，2010）。我国于 21 世纪初将 InSAR 技术用于矿区开采形变（沉陷）监测，随着 Radarsat-2、TerraSAR、Sentinel-1 等卫星的升空，可用于干涉处理的 SAR 影像数据越来越多，并且影像的分辨率、波长、入射角等也不尽相同，推动了国内的相关研究（尹宏杰等，2011；张学东等，2012；陶秋香，刘国林，2012；易辉伟等，2012；朱煜峰，2013）。为充分利用 SAR 影像时序信息，提升地表沉陷监测的精度，学者还在 InSAR 技术基础上提出了诸如永久散射体、人工角反射器、短基线等差分干涉测量方法，并在我国河北省、山西省和江西省境内的相关矿区得到了应用，取得了较多的研究成果。研究与实践表明，与传统的方法相比，InSAR 技术在监测地表采动信息领域具有大面积、大时间跨度、成本低等优势，且探测地表形变的精度在理论上可达毫米级至厘米级。但与此同时，InSAR 技术监测地表采动信息也存在一些需要进一步研究的问题。例如，当开采形变量大、速度快、地表植被覆盖好时，InSAR 技术出现失相干等问题；矿区多位于山地，InSAR 技术受到大气效应影响严重，现有的解缠方法不能得到大形变梯度条件下的地表形变；矿区地表形变以非线性形变为主，但上述技术的解算模型主要是建立在线性模型基础上的。此外，国内外学者还采用全球导航卫星系统（Global Navigation Satellite System，GNSS）、连续运行（卫星定位服务）参考站（Continuously Operating Reference Stations，CORS）及三维激光扫描等技术进行了形变监测及开采形变参数反演等研究（韩保民等，2002；袁德宝等，2012）。总体来说，国内外形成了以 GNSS、InSAR、机载激光雷达（Light Detection and Ranging，LiDAR）等技术为主的监测体系，但有许多问题尚待解决，如 GNSS 技术空间分辨率低，若要达到一定的监测密度，则成本较高；地面激光三维扫描监测范围小，而机载 LiDAR 成本高。

除监测地表采动信息外，综合利用多技术、多平台、多源遥感数据获取地表其他采动信息，具有速度快、成本低、范围广且能够反映演化特征等优势，也得到国内外的广泛关注。美国地质调查局利用高光谱遥感技术，探测出矿区地表污染水的成分和空间分布情况。欧盟 MINEO 项目通过在 6 个典型矿区设立试验点，融合运用机载和星载高光谱遥感数据，探测出实验矿区的污染源位置，掌握了采矿污染的空间扩散状况，并对试验矿区的环境进行了综合评价。国内学者的研究（Prakash，2001；Düzgün，Demirel，2011；Sebnem，2011；杜培军等，2008）涉及矿区地面塌陷、裂缝、滑坡体、矸石山、植被、土壤、水体等变化信息提取、算法探索、规律揭示。但是，目前国内外这类研究大多以监测采矿对矿区地表及资源环境影响为目标。虽然部分研究也涉及时间、空间效应（汪云甲等，2010；王行风等，2013；连达军，2008），但如何根据地表沉陷信息反演开采具体位置及区域，进而用于地下非法采矿识别，尚未有深入的研究成果。

各种地表采动信息中，与地下开采区域的时空关系研究中较多的当属地表形变（沉陷）。理论与实践表明，地下资源开采诱发的形变（沉陷）是一个时空演化过程。随着地下开采面的不断推进，地下开采引起矿区地表沉陷的位置和范围也不同，且开采形变（沉陷）的分布规律取决于地质条件和采矿因素的综合影响。多年来，国内外学者利用多种理论基础和技术手段，深入研究了开采形变（沉陷）的机理、规律、表征及构建了理论模型，形成了针对不同矿山地质条件及开采方法的理论及方法体系（李永树，韩丽萍，1998；赵晓东，宋振骐，2000；邹友峰等，2003；徐洪钟，李雪红，2005；李春意等，2012；梅松华等，2013）。这些研究大多围绕揭示开采引起的形变规律并进行定量预测、预报与控制而展开。而地下非法采矿可能采用非正规采矿方法，且非法开采区域地质条件情况事先并不了解。但现有开采沉陷相关理论、方法等对本书的研究仍具有重要参考价值。

1.3 主要研究内容

地下非法采矿有无证开采、越界开采等多种类型，不同类型的识别难度及需解决的关键问题不尽相同。本书针对地下无证开采和越界开采识别中的难点及不同应用需求，对集成 InSAR 和 GIS 技术来监测矿区地下非法开采的方法进行有重点的探索与研究。研究内容主要包括以下几个方面：

（1）提出一种面向地下非法采矿识别的 GIS 时空数据模型。针对矿山地下开采诱发的地质现象和动态过程，结合地下非法采矿监测的实际需求，介绍了支持地质事件多因素驱动的 GIS 时空数据模型的基本概念和框架结构，定义了各种地质对象及相关的地质事件。同时，通过对矿山开采沉陷时空变化过程进行模拟与描述，构建了支持地质时空过程动态表达的 GIS 数据模型，并描述了矿山开采沉陷各个类的详细结构和时空数据库表结构，在此基础上，提出了集成 InSAR 与 GIS 技术进行地下非法采矿识别的方法；并搭建非法采矿识别平台体系结构，为不同类型非法采矿事件的识别和监测提供平台保障。

（2）提出一种基于 D-InSAR 开采沉陷特征的地下无证开采识别方法。针对引起地表较大量级形变的地下无证开采事件，构建了自动圈定地表开采沉陷区的算法模型，设计了一种"时序相邻式"的双轨 D-InSAR 监测方案。通过精化 D-InSAR 数据处理的流程、方法和相关参数，精准地获取了区域范围内的差分干涉图；再根据由地下采矿引起地表沉陷区域独特的空间、几何、形变特征，构建了从分布范围较大的差分干涉图中快速、准确地圈定地表开采沉陷区的算法模型。在此基础上，实现了从圈定的开采沉陷区中进行地下非法采矿事件的识别，并对识别结果进行了对比分析和实地验证。通过资料对比和实地调查，验证了地下非法采矿的识别结果与实际情况基本一致，具有较好的识别效果，且定位出的采矿点的位置较准确，与实际位置的差距一般小于 20m。

（3）提出一种融合 PS-InSAR 和光学遥感的地下无证开采识别方法。针对引起地表小量级形变且隐蔽在房屋下的无证开采事件（鉴于这些非法事件开采的都是浅层煤炭资源，且地面上的房屋在较长时间序列中能够保持较强且稳定的雷达散射特性），通过联合 PS-InSAR 技术和高分辨率光学遥感，提取出地表建筑物（居民地）对应永久散射体（Permanent Scatterer，PS）点集的沉陷信息；并对提取出的建筑物沉陷信息进行形变时空特征分析，提出一种从覆盖范围较大的建筑物沉陷信息中快速、准确地探测出疑似非法开采点的方法。以山西省阳泉市郊区山底村为研究对象，选用 QuickBird-2 和 WorldView-2 高分辨率数据以及 20 景 PALSAR 影像数据进行实验研究，探测出该村 2006 年 12 月 29 日至 2011 年 1 月 9 日间发生的 2 个非法采煤点，并将探测出的非法采煤点与历史查处资料进行对比分析，发现局部区域的准确率达到 40%，探测率达到 66.67%，且在开采时间上也基本吻合。这表明了该方法是可行的，具有一定的工程适用性和实际应用价值。

（4）结合 InSAR 地表形变监测技术和开采沉陷预计方法，提出了一种面向越界开采识别的地下采空区位置反演方法。首先依据开采沉陷原理建立起地表沉陷和地下开采面的时空关系模型，然后利用 InSAR 技术精确获取地表形变信息，最后根据时空关系模型反演出地下倾斜煤层开采的具体位置参数。与其他同类方法相比，该方法由于不依赖复杂非线性模型，因此具有较高的工程应用价值。为了验证所提出方法的可靠性和适用性，使用 FLAC3D 软件进行了模拟实验和分析，选用峰峰矿区 132610 工作面和 11 景 Radarsat-2 影像数据进行实验研究，结果表明，反演出的采空区位置平均相对误差为 6.35%，相比于同类基于复杂非线性模型的算法，平均相对误差减小了 1.75%；相比于忽略煤层倾角的算法，平均相对误差减小了 6.25%。本书提出的方法可为进一步甄别和发现深藏在地下的越界开采事件提供一种新的监测方式与途径。

本书在理论分析的基础上，围绕解决"地表形变信息获取、地表形变信息与地下开采区域的关联、合法开采与非法开采的甄别"三个问题，针对地下非法开采的不同类型确定具体的研究内容，并对集成 InSAR 和 GIS 技术监测矿区地下非法开采事件的方法进行探究，本书的研究思路为："理论分析→问题凝练→模型构建→方法提出→实例验证→归纳总结"。本书共分为 7 个章节，章节结构如图 1-3 所示。

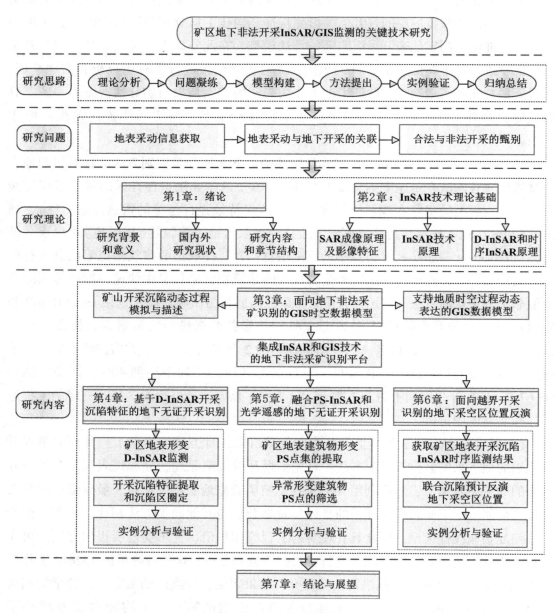

图 1-3　本书章节结构图

第 2 章   InSAR 技术理论基础

本章系统介绍和阐述了 InSAR 技术基础理论部分。考虑到 InSAR 技术的研究和应用是建立在星载 SAR 系统发展的基础上，了解星载 SAR 成像原理是掌握 InSAR 技术理论的根本前提，故本章从星载 SAR 的基础理论出发，先介绍 SAR 成像原理和影像特征，然后介绍 InSAR、D-InSAR 以及时序 InSAR 技术的基本理论和原理，并分析 InSAR 技术数据处理流程，为后续的应用研究奠定基础。

2.1   SAR 成像原理及影像特征

2.1.1   SAR 成像原理

SAR 的成像原理与光学成像原理并不相同，它主要是把真实孔径天线当成最基本的辐射单元，在沿着某个运动方向移动的同时，并在相应的位置上发射、接收、记录和存储地表目标的回波信号，最终得到的是表征地物散射特性的数字影像（杜培军，2006）。SAR 作为一种主动式的微波传感器，其成像的质量通常由其分辨相邻散射体的能力指标来衡量（张直中，2004）。

SAR 系统的成像原理如图 2-1 所示，在卫星运动过程中，SAR 传感器按脉冲重复频率向地面不断地发射信号，并接收雷达发射的电磁波信号照射到地物之后反射回的信号，然后需经计算机集焦和滤波处理来生成雷达影像。其中，雷达卫星飞行的方向称为方位向，垂直于雷达卫星飞行的方向称为距离向。合成孔径雷达是一种在距离向和方位向都能获得高分辨率的二维成像雷达，能对地面上各种场景和目标成像，成像分辨率越高，对地面场景和目标的分辨能力就越强，且不受天气和时间的限制可全天时、全天候地对地成像。

1. 方位向分辨率

方位向分辨率描述的是成像雷达区分方位向上两个空间距离很接近的散射。如图

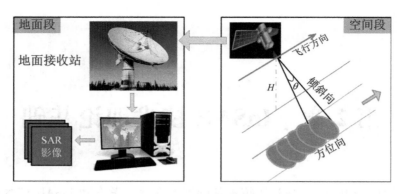

图 2-1　SAR 系统的工作原理图

2-2 所示，方位向分辨率的公式可定义为

$$\Delta L = \beta_s \cdot R = \frac{\lambda \cdot R}{2L_s} = \frac{\lambda}{2\beta} = \frac{D}{2} \tag{2-1}$$

式中，λ 为波长；β 为真实波速宽度；R 为斜距；L_s 表示雷达合成孔径。由式(2-1)可见，雷达系统的方位向分辨率与雷达传感器到地表目标的斜距没有关系，只与天线孔径的长度有关，且随着天线孔径长度的增长而提高，雷达系统理论方位向分辨率等于天线孔径长度 D 的一半。但在实际应用中，天线孔径因受发射功率等诸多因素的影响，方位向分辨率不会随雷达天线孔径 D 的减小而得到提高。

2. 距离向分辨率

距离向分辨率是指沿雷达距离方向上两点间能分辨出的最小尺寸，可表示为

$$R_{ra} = \frac{c\tau}{2} \tag{2-2}$$

式中，τ 为脉冲宽度。

为了便于研究观察和更直观地表示 SAR 成像特性，往往要将雷达距离向的分辨率 R_{ra} 转化为地距向分辨率 R_{az}，采用地距向分辨率来描述，即距离向分辨率垂直于雷达卫星飞行方向的投影。故地距向分辨率的公式可表示为

$$R_{az} = \frac{R_{ra}}{\cos\theta} = \frac{c\tau}{2\cos\theta} \tag{2-3}$$

式中，θ 为雷达波入射角。由式(2-3)不难发现，雷达距离向分辨率取决于雷达本身脉冲宽度以及雷达俯角，与雷达与目标之间的距离无关。

3. 分辨单元

雷达影像的分辨单元则由雷达沿方位向和雷达沿距离向的分辨率共同确定的。一

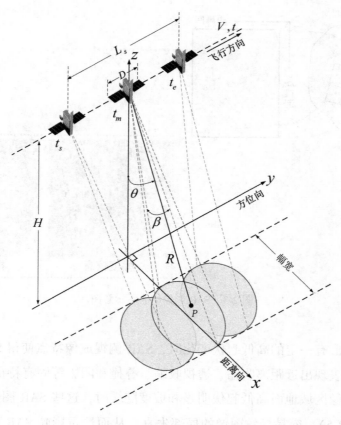

图 2-2   成像雷达分辨率示意图

般情况下，地面分辨单元面积为方位向分辨率和距离向分辨率相乘的结果，故分辨单元面积的大小决定着雷达影像的解译效果(侯建国，2011)。

2.1.2   SAR 影像特征

在 SAR 影像成像的过程中，地面上的目标对象是在方位向上按雷达卫星飞行的方向记录成像的，在距离向上则是按地面上的目标对象返回信号的先后顺序记录成像的。

如图 2-3 所示，在 SAR 影像的每一个像素单元中，既包含地面分辨元的幅度信息，也包含与斜距有关的相位信息。

一般来说，雷达影像主要具有以下三个特征(何秀凤，2012；张淑燕，2010)：

1. 几何特征

星载 SAR 采用的是侧视成像方式，分为斜距成像和地距成像。斜距成像是沿着雷达脉冲发射方向的地物距离进行记录成像，地距成像是斜距成像在地面上的投影。因

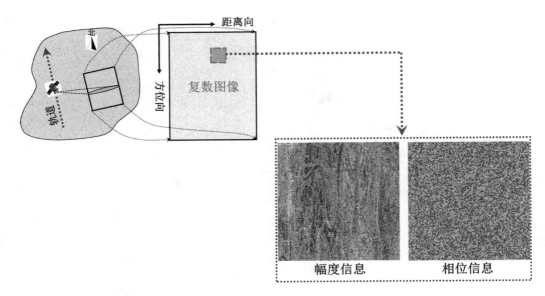

图 2-3　SAR 影像的表示示意图

此，当地表的地形有一定的高低起伏变化时，SAR 侧视成像特点使得 SAR 图像具有不同的几何特征，表现出近距离收缩、透视收缩、叠掩和阴影等固有特征，见图 2-4。

尤其是当成像区域地面高低起伏明显和坡度陡缓时，这些 SAR 图像的特征现象将会更加明显（图 2-5），容易导致图像的局部失真，从而严重影响 SAR 影像解译等相关操作处理的精度。

2. 斑点噪声特征

由于星载雷达是相干成像系统，自身存在斑点噪声的特征。斑点噪声会掩埋图像中的一些具体信息，如果被掩埋的信息过多，则会大幅降低图像质量，使得图像的目视效果不佳，甚至还不如光学遥感影像。在利用 SAR 图像进行实际的监测应用时，还需通过提高信噪比和滤波的方法来降低 SAR 图像的斑点噪声。图 2-6 为光学影像与雷达影像的对比图。

3. 物理特征

SAR 图像上反映的是地物目标后向散射的信息，在图像上所呈现的平滑效果与雷达波长及地面地物目标的复介电常数等因素有关。一般来讲，复介电常数值比较大，它对于雷达脉冲的反射能力也就比较强，穿透力也更小。但是当复介电常数值比较小时，反射能力就相对更弱，穿透力反而变强。由于雷达回波的强度取决于表面粗糙度

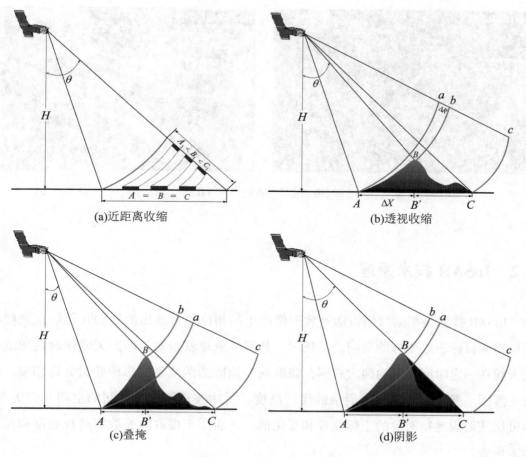

图 2-4　SAR 图像几何特征

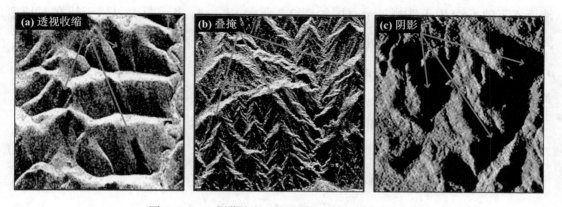

图 2-5　SAR 图像中的透视收缩、叠掩及阴影现象

和雷达波长与天线俯角的关系，故表面粗糙度强烈地影响着雷达回波的强度，并与地面分辨单元内要素的类型、大小和几何形状等因素密切相关。

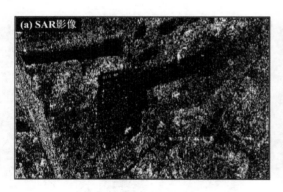

图 2-6　光学与雷达影像对比图

2.2　InSAR 技术原理

　　InSAR 技术是根据两幅雷达复数图像产生的相位差反映出的地物几何信息来精确获取地面目标三维坐标的空间信息技术。其基本原理就是通过两副天线同时观测或一副天线在一定时间间隔内两次观测，获取同一地区的两幅复值影像并做共轭相乘，生成干涉图。然后再结合雷达卫星的飞行高度、雷达波长等对象之间的空间几何关系，即可反演地表地物对象的坐标位置和变化值，进而用于提取地面数字高程数据和探测地表形变。

　　InSAR 测量按工作模式可分为交叉轨道干涉、顺轨干涉与重轨干涉三种，重轨干涉模式下的 InSAR 干涉测量示意图如图 2-7 所示。A_1、A_2 表示两次卫星天线在对地面同一目标点 P 两次成像时所处的位置，H 为轨道高度，h 为地面目标点 P 的高度，ρ_1、ρ_2 为斜距，B_{spa} 为空间基线，α 为 B_{spa} 与水平方向的夹角，θ 为入射角（何秀凤，2012；黄其欢，何秀凤，2005）。

　　由图 2-7 的几何关系可知，地面点 P 的高程 h 可表示如下：

$$h = H - \rho_1 \cos\theta \tag{2-4}$$

在 $\triangle A_1 A_2 P$ 中，由三角形余弦定理可得：

$$\rho_1^2 + B_{spa}^2 - \rho_2^2 = 2\rho_1 B_{spa} \cos(90° - \theta + \alpha) \tag{2-5}$$

令 $\Delta\rho = \rho_1 - \rho_2$，则

$$\rho_1 = \frac{(\Delta\rho)^2 - B_{spa}^2}{2B_{spa}\sin(\theta - \alpha) - 2\Delta\rho} \tag{2-6}$$

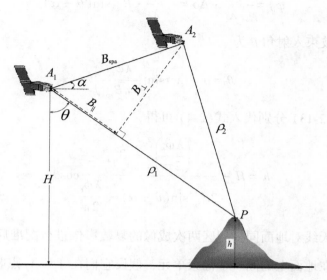

图 2-7 InSAR 干涉测量示意图

$$\Delta\rho = B_{\text{spa}}\sin(\theta - \alpha) + \frac{B_{\text{spa}}^2}{2\rho_1} - \frac{(\Delta\rho)^2}{2\rho_1} \qquad (2\text{-}7)$$

因为 $\Delta\rho$ 很小，且 $B_{\text{spa}} \ll \rho_1$，所以式（2-7）中的后两项 $\frac{(\Delta\rho)^2}{2\rho_1}$、$\frac{B_{\text{spa}}^2}{2\rho_1}$ 可以忽略，故（2-7）可简化为

$$\Delta\rho \approx B_{\text{spa}}\sin(\theta - \alpha) + \frac{B_{\text{spa}}^2}{2\rho_1} \approx B_{\text{spa}}\sin(\theta - \alpha) = B_{\parallel} \qquad (2\text{-}8)$$

而对于地面上的任意一个分辨单元，回波信号的总体相位值为

$$\varphi = \varphi_r + \varphi_{\text{scat}} \qquad (2\text{-}9)$$

式中，φ_{scat} 为散射相位；φ_r 为距离相位，可表示为

$$\varphi_r = -\frac{4\pi}{\lambda} \cdot \rho \qquad (2\text{-}10)$$

式中，λ 为雷达波长；ρ 为卫星天线位置与地面目标点间的斜距。

两次成像的干涉相位差 φ_{if} 可表示为

$$\varphi_{if} = \varphi_1 - \varphi_2 = -\frac{4\pi}{\lambda} \cdot (\rho_1 - \rho_2) + (\varphi_{\text{scat1}} - \varphi_{\text{scat2}}) = -\frac{4\pi}{\lambda} \cdot \Delta\rho + \Delta\varphi_{\text{scat}} \quad (2\text{-}11)$$

假设对于相同的地面分辨单元，两次成像时 φ_{scat} 的值一样，再将式（2-8）代入式（2-11）可得：

$$\varphi_{if} = -\frac{4\pi}{\lambda} \cdot \Delta\rho = -\frac{4\pi}{\lambda} \cdot B_{\mathrm{spa}}\sin(\theta - \alpha) \tag{2-12}$$

故天线雷达波束入射角 θ 为

$$\theta = \alpha - \mathrm{acrsin}\left(\frac{\lambda\varphi_{if}}{4\pi B_{\mathrm{spa}}}\right) \tag{2-13}$$

将式(2-12)、式(2-13)分别代入式(2-4)可得,

$$h = H - \frac{\left(\dfrac{\lambda\phi_t}{2\pi}\right)^2 - B_{\mathrm{spa}}^2}{2B_{\mathrm{spa}}\sin(\theta - \alpha) - \dfrac{\lambda\phi_t}{2\pi}}\cos\theta \tag{2-14}$$

当两次卫星天线对地面同一测区两次成像的复数影像进行配准后,φ_{if} 亦可通过共轭相乘来获取。在地面上的同一个像素单元,假设它们在 A_1、A_2 点收到的复数值 S_1、S_2 分别为

$$S_1(\rho_1) = u_1(\rho_1)\exp\left[\mathrm{i}\varphi_1(\rho_1)\right] \tag{2-15}$$

$$S_2(\rho_2) = u_2(\rho_2)\exp\left[\mathrm{i}\varphi_2(\rho_2)\right] \tag{2-16}$$

式中,u 为幅度值;φ 为相位值。

两个卫星天线回波信号的相位值为

$$\varphi_1 = -\frac{4\pi}{\lambda} \cdot \rho_1 \cdot \varphi_{\mathrm{scat1}} \tag{2-17}$$

$$\varphi_2 = -\frac{4\pi}{\lambda} \cdot \rho_2 \cdot \varphi_{\mathrm{scat2}} \tag{2-18}$$

通常情况下,对于同一个地面分辨单元,可以认为两次成像时的散射性保持不变,故将相对应位置上的像素进行共轭相乘,可得:

$$S_1(\rho_1)S_2^*(\rho_2) = |S_1 S_2^*|\exp[\mathrm{i}(\varphi_1 - \varphi_2)] = |S_1 S_2^*|\exp\left(-\mathrm{i}\frac{4\pi}{\lambda}\Delta\rho\right) \tag{2-19}$$

于是得到的干涉相位可以表示为

$$\varphi_{if} = -\frac{4\pi}{\lambda} \cdot \Delta\rho + 2\pi N, \quad N = 0,\ \pm 1,\ \pm 2,\ \cdots \tag{2-20}$$

将式(2-20)代入式(2-13),就可由式(2-14)计算出地面上 P 点的高程 h。

图 2-8 为 InSAR 技术的数据处理流程图,主要包括影像的配准和重采样、预滤波、干涉处理、去除平地效应、相位解缠和地理编码等步骤(Iglesias,2015)。

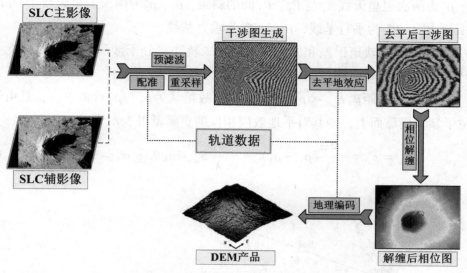

图 2-8　InSAR 技术的数据处理流程图

2.3　D-InSAR 技术原理

用 InSAR 技术监测地表目标的三维形变量时，首先需要忽略掉噪声和大气延迟等因素方面，并在理论上假设前后两次 SAR 图像成像期间地面上的地物目标没有任何移动、形变。而在工程应用当中，前后两次 SAR 图像成像期间地面上的地物目标或许有了一定的移动和形变，那么此时在干涉图的干涉相位中便包含了平地效应、地形、地表形变、大气延迟、轨道误差、噪声引起的相位（黄世奇，2015）：

$$\varphi_{if} = \varphi_{flat} + \varphi_{topo} + \varphi_{defo} + \varphi_{orbit} + \varphi_{atm} + \varphi_{noise} \tag{2-21}$$

式中，φ_{flat} 为参考椭球面相位；φ_{topo} 为地形相位；φ_{defo} 为沿雷达视线向（LOS）的形变相位；φ_{orbit} 为轨道误差引起的相位；φ_{atm} 为大气延迟引起的相位；φ_{noise} 为噪声引起的相位。

为了获取地面地物目标发生形变而引起的相位，还需去除由其他相关因素引起的相位，大气延迟相位和噪声引起的相位可忽略或利用滤波的方法进行削弱，轨道误差可通过精密轨道数据进行校正来予以消除，或进行低阶多项式拟合加以去除；而平地效应相位和地形引起的相位可以分别根据基线进行估算和已有外部的高精度 DEM 模拟来消除，则可分离和估算出地表变形引起的相位。

D-InSAR 技术可分为二轨法、三轨法、四轨法三种模式。二轨法由于数学模型简单，外部 DEM 容易获取，且无须进行相位解缠，避开了由相位解缠引入的误差，故可靠性以及使用频率最高。二轨法差分干涉测量原理的几何模型如图 2-9 所示。其中，θ_1、θ_2 分别为 A_1、A_2 的波束入射角，P_1 位于参考椭球面上，h 为地面目标点 P_2 的高度，ρ_1、ρ_1' 为两次卫星天线 A_1 与 P_1、P_2 间的斜距，ρ_2、ρ_2' 为两次卫星天线 A_1 与 P_1、P_2 间的斜距，$B_\parallel'$、$B_\parallel''$ 为平行基线，$B_\perp'$、$B_\perp''$ 为垂直基线。

如果忽略噪声、轨道误差和大气等因素，二轨法差分干涉测量的干涉相位主要体现在形变相位、平地效应相位和地形相位三个方面。

由于空间基线的距离 $B_{spa} \ll \rho_1$、$B_{spa} \ll \rho_2$，故可认为 ρ_1 与 ρ_2 近似平行，且由于目标点 P_1 位于参考椭球面上，则其对平地效应相位的贡献量可表示为

$$\varphi_{flat} = \varphi_{P_1}' = -\frac{4\pi}{\lambda}(\rho_1 - \rho_2) \approx -\frac{4\pi}{\lambda}B_{spa}\sin(\theta_1 - \alpha) = -\frac{4\pi}{\lambda}B_\parallel' \qquad (2\text{-}22)$$

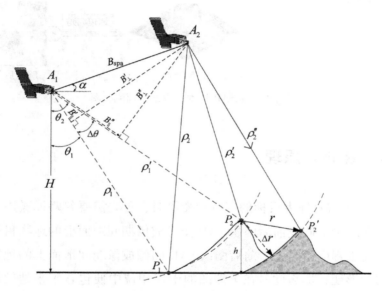

图 2-9　二轨法几何模型图

假设 P_2 点位于起伏的地形上，并且其高程为 h，则该点的干涉相位包含平地效应和地形相位两个部分，如图 2-9 所示，P_2 相对于 P_1 点视角移动了 $\Delta\theta$，则 P_2 点的干涉相位为

$$\varphi_{P_2}' = \varphi_{flat+topo} = -\frac{4\pi}{\lambda}(\rho_1' - \rho_2') = -\frac{4\pi}{\lambda}B_{spa}\sin(\theta_2 - \alpha)$$

$$= -\frac{4\pi}{\lambda}B_{spa}[\sin(\theta_2 - \alpha) + \cos(\theta_1 - \alpha)\Delta\theta] = -\frac{4\pi}{\lambda}B_\parallel' - \frac{4\pi}{\lambda}B_\perp'\Delta\theta \qquad (2\text{-}23)$$

去除式（2-23）的平地效应相位后，则得到地形相位：

$$\varphi_{topo} = -\frac{4\pi}{\lambda}B_\perp'\Delta\theta = -\frac{4\pi}{\lambda}\frac{B_\perp'}{\rho\sin\theta_1}h \qquad (2\text{-}24)$$

若在雷达卫星获取到影像的期间，地面上的地物目标产生了移动和形变，即 P_2 移动到 P_2'，如图 2-9 所示，此时的干涉相位主要由平地效应相位、地形相位、形变相位

三部分共同组成，且 $\rho_2'' = \rho_2' + \Delta r$，根据干涉理论可得 P_2' 点的干涉相位：

$$\varphi_{P_2'} = -\frac{4\pi}{\lambda}(\rho_1' - \rho_2'') = -\frac{4\pi}{\lambda}(\rho_1' - \rho_2') - \frac{4\pi}{\lambda}\Delta r \qquad (2-25)$$

联合式(2-23)，可得形变相位：

$$\varphi_{\mathrm{defo}} = -\frac{4\pi}{\lambda}\Delta r \qquad (2-26)$$

因此，利用二轨法差分干涉测量可获得的 LOS 方向上的形变为

$$\Delta r = -\frac{\lambda}{4\pi}\varphi_{\mathrm{defo}} = -\frac{\lambda}{4\pi}(\varphi_{if} - \varphi_{\mathrm{flat}} - \varphi_{\mathrm{topo}}) = -\frac{\lambda}{4\pi}\varphi_{if} - B_\parallel' - \frac{B_\perp' h}{\rho\sin\theta_1} \qquad (2-27)$$

式(2-27)获取的仅是雷达侧视方向和沿 LOS 方向的形变量，而并非地表真正的三维形变场，为了获取垂直方向的沉降量，还需对 Δr 进行分解，可表示为

$$\Delta h = \frac{\Delta r}{\cos\theta} \qquad (2-28)$$

常规 D-InSAR 地表形变提取是以使用两幅跨越形变期的 SAR 影像进行的干涉测量为基础，得到包含形变相位的干涉条纹图，然后利用覆盖研究区的 DEM 来反演地形相位，最后再对两者进行差分处理获取地表的形变相位。D-InSAR 地表形变提取的处理流程如图 2-10 所示。

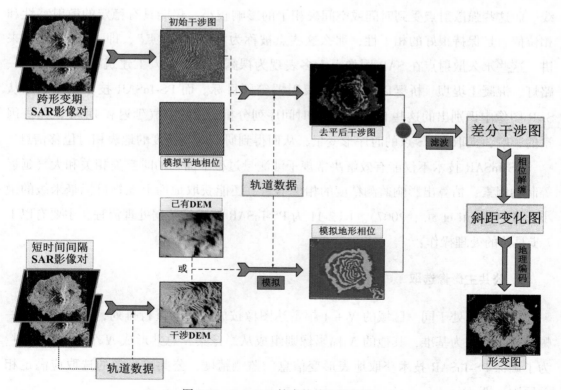

图 2-10   D-InSAR 技术的处理流程图

2.4　时序 InSAR 技术

针对传统 InSAR 和 D-InSAR 技术在地面沉降监测中容易受到时间和空间失相关的限制和影响，一系列基于时间序列的 InSAR 技术被提出并在各领域得到快速的发展和应用（Sandwell，Price，1998；Ferretti et al.，2000；Blanco et al.，2005；Hooper et al.，2004；Ferretti et al.，2011；Zhang et al.，2012）。由于时序 InSAR 技术的核心是基于差分干涉图，通过对同一地区以一定的固定周期连续获取时间序列影像来分离出大气效应、地形残余和形变速率，在一定程度上克服了失相关和大气效应等问题对干涉结果的影响。在以上的时序 InSAR 技术中，应用较为普遍的是 PS-InSAR 技术和 SBAS-InSAR 技术，下面将重点介绍这两种技术的原理。

2.4.1　PS-InSAR 技术

为了解决 D-InSAR 在实际应用中易受时空失相干和地形残余等因素的影响，PS-InSAR 技术通过提取同一研究区多期 SAR 图像上稳定的强散射点作为观测目标，即使研究区范围内时空失相关的现象比较严重，干涉基线在一定程度上也超过了临界基线。而这些强散射点受到时间或空间失相干的影响较小，仍能具有稳定的散射特性和相位值，且保持很好的相干性，那么这些点被称为"永久散射点"，即 PS 点。一般来讲，这些永久散射点在 SAR 图像上大多表现为裸露的岩石、人工建筑物、铁路路轨、路灯、混凝土堤坝、桥梁以及人造角反射器等硬目标。而 PS-InSAR 技术就是利用从 SAR 图像中识别出的这些 PS 点，进行时间序列分析，消除大气延迟和 DEM 误差等因素的影响，提取出 PS 点的时序形变量，从而得到研究区高精度的地表相对位移信息。

PS-InSAR 技术不仅能有效解决常规干涉测量过程中面临的时空失相关和大气延迟等制约因素，估算出影响监测精度的相位信息，还能获取地面上地物目标毫米级的微小形变（Ferretti et al.，2007）。图 2-11 为 PS-InSAR 技术的数据处理流程，主要有以下 7 步具体的处理操作：

1. 公共主影像选取

将覆盖面处于同一区域的 $N+1$ 幅雷达图像按成像时间进行排列，从中选定的一幅公共主影像为基准，其他的 N 幅影像则组成从影像集，总共形成 N 个差分干涉对。为了确保 PS-InSAR 技术获取地表形变信息的监测精度，公共主影像的选取应满足相关原则，即

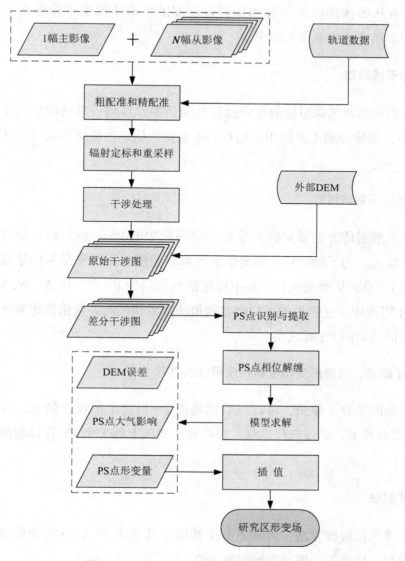

图 2-11 PS-InSAR 技术的数据处理流程图

$$\text{sum} = \sum_{i=1}^{N} (\, |B_{\perp}^i| + |T_i| + |F_{DC}^i| \,) = \min \tag{2-29}$$

式中，N 为干涉图的个数；$B_{\perp}^i$、T_i、F_{DC}^i 分别为影像所形成干涉对的有效空间基线、时间基线和多普勒质心频率差。

2. 影像配准

将 $N+1$ 幅雷达影像进行配准并采样到统一像素空间。当雷达图像成像时，每一个像素都会随着参数的不同而发生变化，因此，需要对从影像集进行配准处理和辐射定标，将所有从影像的像素位置和辐射强度配准、采样到主影像像素空间，并使得 SAR 影像配准精度达到亚像元级别。

3. 差分干涉处理

将配准后的两幅图像对应的像元做复共轭相乘，得到一系列的原始干涉图。再利用外部 DEM，消除原始干涉图中的地形和平地相位信息，最终生成 N 个干涉和差分干涉图。

4. PS 点的识别与提取

由于永久散射体方法研究的对象是干涉图像中的 PS 目标，而不是整幅干涉图像中的每一个像元，为了确保后续形变信息提取的精度，不仅要尽可能地选择更多具有高相干性的 PS 点，更要避免将一些不稳定的点误选为 PS 点。因此，从 $N + 1$ 幅配准定标的 SAR 影像中，还需根据振幅离差阈值法或者相位离差阈值法等算法来甄别研究区域内相位值稳定的 PS 候选点。

5. DEM 误差、线性形变相位和残余相位的提取

利用已知的差分干涉图，可以提取出地面 PS 目标上的相位信息，再结合形变模型和 DEM 误差模型，通过迭代求解，可提取出地面上每一个 PS 目标的线性形变量和 DEM 误差。

6. 相位解缠

利用三维相位解缠方法，可从差分干涉图中计算出 PS 目标的相位整周数，然后对其相位进行解缠操作，即可得到解缠相位。

7. 形变量获取

通过建立合理的函数求解模型，可估计地面上各 PS 点的精确形变值、高程误差和大气相位等贡献值。采用克里金插值法进行规则格网插值分析，可获取整个研究区域地表的形变场。

2.4.2　SBAS-InSAR 技术

21 世纪初，Berardino 等（2002）提出 SBAS-InSAR 技术，它是一种与 PS-InSAR 技术相比具有不同策略的时序 InSAR 分析方法。该技术是实施按照一定的时空基线阈值

将雷达影像数据组合成为若干个小基线集合的策略，再生成一定数量的差分干涉对。由于该策略限制了这些差分干涉对的时空基线长度，故在一定程度上能克服空间失相干的情况。由于使用奇异值分解法将多个子基线集联合起来，较好地解决了方程解算秩亏的问题，可求解出整个时间序列上地表形变速率的最小二乘解。虽然 SBAS-InSAR 技术能有效减小时空基线的长度，限制时空失相关的现象，提高影像数据差分干涉的质量，但为了进一步提高数据的监测精度，还需对地形残余和大气效应等相位贡献值进行估算。且与 PS-InSAR 技术相比，SBAS-InSAR 技术拥有更多的测量点，故能估算出更可靠的大气效应相位贡献值。其具体原理如下：

假设研究区有 $N+1$ 景 SAR 影像，把空间基线长度小于设定阈值的 SAR 影像封装在一组，并进行差分干涉处理，生成了 M 个干涉图，则有

$$\frac{N+1}{2} \leqslant M \leqslant N\left(\frac{N+1}{2}\right) \tag{2-30}$$

假设每景 SAR 影像是按照时间序列 t_0，$\cdots$，t_i，$\cdots$，t_n 来获取的，第 k 幅干涉图是分别在 t_a 和 t_b 时刻获取的两景 SAR 影像进行干涉生成的，那么该差分干涉图中任意像元 (x, y) 的干涉值可以表示为

$$\delta\varphi_k(x, y) = \varphi(t_b, x, y) - \varphi(t_a, x, y) \approx \frac{4\pi}{\lambda}[d(t_b, x, y) - d(t_a, x, y)]$$

$$\tag{2-31}$$

式中，$d(t_b, x, y)$ 和 $d(t_a, x, y)$ 分别表示在 t_b 和 t_a 时刻像元 (x, y) 相对于初始时刻 t_0 产生的视线向形变量。

假设 $IE = [IE_1 \cdots IE_M]$ 和 $IS = [IS_1 \cdots IS_M]$ 分别为参与干涉影像的主、从影像时间序列，且按照时间排序，得知 $IE_k > IS_k$，则对于所有差分干涉相位可表示为

$$\delta\varphi_k = \varphi(t_{IE_k}) - \varphi(t_{IS_k}) \tag{2-32}$$

将式(2-32)进行简化，可得：

$$A\boldsymbol{\varphi} = \delta\boldsymbol{\varphi} \tag{2-33}$$

式中，A 为 $M \times N$ 维矩阵。当 $M \geqslant N$ 时，矩阵 A 为一个 N 阶矩阵，此时采用最小二乘算法作为约束条件可得到 φ 的估计值：

$$\hat{\boldsymbol{\varphi}} = (A^{\mathrm{T}}A)^{-1}A^{\mathrm{T}}\delta\boldsymbol{\varphi} \tag{2-34}$$

由于能符合要求的 SAR 影像不一定在同一个基线集合中，这时 $A^{\mathrm{T}}A$ 就变成了一个奇异矩阵，用最小二乘法无法求解。但使用奇异值分解法可对矩阵进行奇异值分解，即分解为

$$A = USV^{\mathrm{T}} \tag{2-35}$$

式中，U 是一个 $M \times M$ 的矩阵；而 V 则是一个 $N \times N$ 的矩阵；S 为 $M \times N$ 的矩阵。则地表形变相位值 φ 的最小二乘解为

$$\hat{\varphi} = \sum_{i=1}^{N-L+1} \frac{\delta \varphi^{\mathrm{T}} u_i}{\sigma_i} v_i \tag{2-36}$$

式中，u_i、v_i 分别为矩阵 U、V 的列向量；σ_i 是矩阵 A 的奇异值。

为了确保式(2-36)中的形变相位值在求解过程中避免物理意义的缺失，将未知数表示为相邻时序影像间的视线向平均相位速率，并把该速率值代入式(2-36)，可得：

$$\sum_{k=IS_k+1}^{IE_k} (t_i - t_{i-1}) v_i = \delta \varphi_k \tag{2-37}$$

假设 B 为 $M \times N$ 维矩阵，则上式可简化为

$$Bv = \delta \varphi \tag{2-38}$$

采用奇异值对矩阵 B 进行分解，能得到各个时段的形变速度 v，再通过速率积分运算便可得到整个观测时间段的形变信息。而 $B[M \times 1]$ 是与基线距相关的系数矩阵，通过该矩阵可以算出 DEM 误差，再采用时空滤波对残余相位进行估算，便能分离出大气相位(胡乐银等，2010)。

根据上述原理，SBAS-InSAR 技术的数据处理流程主要包括以下 6 个步骤，如图 2-12所示。

1. 影像的选取和配准

选取 $N+1$ 景同一研究区的 SAR 影像作为组合，并选择 1 景合适的公共参考影像，完成与其他辅影像的配准，保证所有影像数据在空间位置上的一致性。

2. 干涉组合

通过设定时空基线阈值，对 $N+1$ 景雷达影像进行重新组合，形成具有较短基线长度的影像集合；然后根据设定的基线组合，通过干涉处理后生成 M 个干涉图；再利用外部 DEM 数据进行差分干涉处理，得到小基线差分干涉图集。

3. 高相干点的选取

由于该方法是按逐个像元来解算地表形变信息，故在形变值解算前，要以相干系数图为基础，根据振幅离差阈值等方法，在各个干涉图中选取出相干性较高的点，并剔除噪声比较严重的点，以便获取信噪比高的离散点来进行解缠和定标。

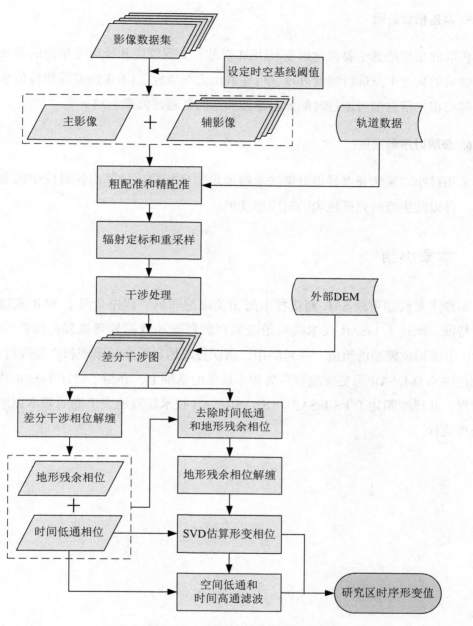

图 2-12 SBAS-InSAR 技术的数据处理流程图

4. 相位解缠

把选取出的高相干点作为参考点，对所有干涉图进行相位的解缠操作，可得到干涉图的解缠相位。

5. 误差相位去除

获取的相位信息主要包含形变、DEM 误差、大气效应和噪声等相位的贡献。通过对解缠后的高相干点进行滤波处理，可提取出大气效应、DEM 误差等相位信息，而噪声引起的相位信息则可通过时间低通滤波和空间低通滤波来剔除。

6. 获取时序形变值

采用最小二乘法和奇异值分解法求解地表形变相位，计算出各时段中地表的形变速率，并以此生成研究区地表的时序形变值。

2.5　本章小结

本章主要叙述星载 SAR 测量技术的相关理论知识。首先介绍了 SAR 成像原理及影像特征，阐述了 InSAR 技术提取地表高程的原理和数据处理流程；接着分析了 D-InSAR 干涉相位模型的组成，并对利用二轨法提取地表形变的原理和流程进行了推导；然后在探究 D-InSAR 形变探测存在失相干现象的基础上，介绍了时序 InSAR 技术的发展历程，并详细阐述了 PS-InSAR 和 SBAS-InSAR 技术获取地表形变的基本原理以及具体处理流程。

第3章 面向地下非法采矿识别的 GIS 时空数据模型

在矿山地下开采过程中，随着地下开采面的不断推进，矿山岩层、矿体、地表等地质对象会在一定程度上受到影响而产生位移和形变，甚至会改变其固有的属性信息，且矿山地下开采的动态过程具有多源、多维和多粒度的时空变化特征，因而传统的矿山信息系统所构建的矿山模型，难以支持地下开采时空过程的动态数字表达。因此，本章针对矿山地下开采诱发的地质现象和动态过程，结合地下非法采矿实时监测的实际需求，在对矿山开采沉陷时空变化进行分析与表达的基础上，通过对矿山开采沉陷时空变化过程进行模拟与描述，探究一种支持地质时空过程动态表达的 GIS 数据模型。在此基础上，研究一种集成 InSAR 与 GIS 技术进行地下非法采矿识别的方法，并搭建非法采矿识别平台体系结构，为后续不同类型非法采矿事件的识别和监测提供平台保障。

3.1 矿山开采沉陷时空变化分析与表达

客观世界中各种地理实体和对象总是随着时间的推移在空间上或多或少地发生着变化，如传染病蔓延、洋陆转化、山体滑坡、水土流失、人口迁移等，这些地理现象都包含与时间和空间紧密相关的特性与行为，承载着许多有潜在价值的时空动态信息。由地下开采引起的地表沉陷也是一个非常复杂的时空动态变化过程，这个时空动态演化过程是通过地下开采引起矿体各地理空间实体在时空上的移动变化和相互作用来呈现的。

如图 3-1 所示，随着地下开采工作面的不断推进，开采沉陷在空间移动过程中引起矿山的形变传递过程为：覆岩垮落（形成垮落带）、破裂（形成裂隙带）、弯曲（形成弯曲带），直至传递到地表（产生移动形变），最终在地表形成一个比地下开采空间大得多的沉陷盆地，造成巨大的地质灾害，破坏了矿区生态环境。且地表产生的移动沉陷量与地下开采煤层的深度、开采煤层厚度等地质条件以及矿区地表的交通设施、植被覆盖、气候环境、居民地状况、水系等多种地表性质有关(何国清，杨伦，1991)。

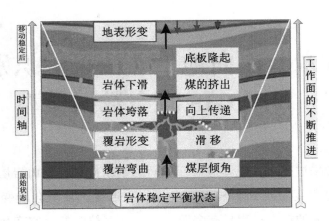

图 3-1　岩层移动的时空特征

矿山地下开采这个复杂的地理现象是由数量不确定的多个地理实体和矿体对象组成，主要表现为沿着时间变化的各地质对象及其在空间上的相互作用，且通过地质事件来传递地理对象之间的相互作用。当地质对象发展演化到某种程度时，地质事件将产生并会传递给相关联的地质对象，在某个特定条件的驱动下，相关联的地质对象随之也将产生相对应的变化，而这种变化则通过地质对象的状态序列数据来记录。为了实时动态地模拟矿山开采沉陷的时空演化过程，地质对象的状态序列数据可采用空-天-地对地实时观测的方式来获取。如开采沉陷过程的地质对象是地下开采面和地表面，地质事件是地下开采和地表沉陷，这两个地质事件是由地下开采面的属性变化达到某种程度时引起的，开采状态分别记录地下开采面和地表某一时刻的空间属性与专题属性，而状态序列数据源自对地表形变属性信息的观测。

针对根据地表形变来反演地下开采面并以此进行地下非法采矿甄别的关键问题，结合开采沉陷理论和规律，本研究提出一种面向地下非法采矿识别的动态 GIS 时空数据概念模型，如图 3-2 所示。该数据模型共包含几何要素模型、时空过程模型、时空反演模型和非法识别模型四个模型层级。

其中，几何要素模型层是空间数据集成和扩展模型最基础的部分，可以根据地质矿山地上和地下模型的几何要素表达需求，将整个地质几何空间抽象为点、线、面、体四种空间实体对象，不仅在空间和形态上对地质实体对象进行几何表达，还能为相关模型的数据兼容和底层操作提供支持。时空过程模型层主要包含动态 GIS 时空数据模型，它是扩展模型的核心组成部分。在动态 GIS 时空数据模型的基础上，结合地质

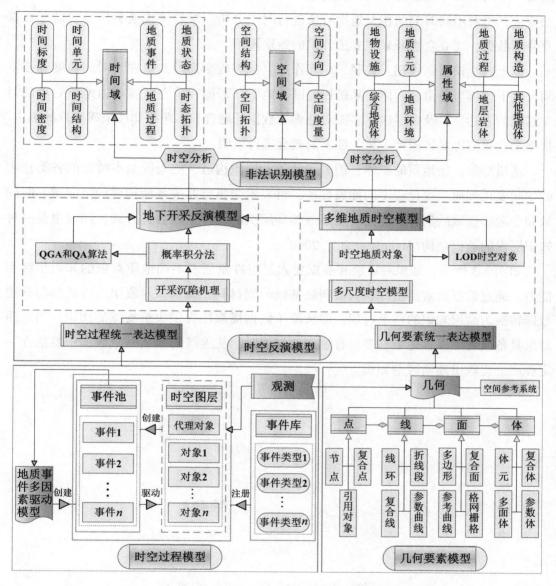

图 3-2　面向地下非法采矿识别的动态 GIS 时空数据概念模型

事件多因素驱动模型，在数据模型中重组地质时空过程、地质事件、地质事件类型、地质对象状态、地质观测等信息(龚健雅等，2014)。时空反演模型层主要是基于地质几何要素和时空过程模型，根据地下非法采矿识别的内在需求而构建支持多时空、多尺度的多维地质时空模型；在此基础上，利用开采沉陷机理和概率积分法，还可引入量子遗传算法(QGA)和量子退火法(QA)，构建反演地下新的开采事件以及地下采空区空间位置和范围的时空反演模型。而在非法识别模型层上，通过定义地质对象在时间域、空间域和专题域的语义，表达地质对象的空间特征和专题属性特征沿着时间轴的变化，再对不同时刻的相关地质对象进行时空分析，综合考虑或利用专题监测数据及井下数据，建立合法开采与非法开采的甄别模型。

以上四个模型层级相互关联、相互作用，能够较全面地支持在多时间粒度和多空间尺度下矿体、巷道、岩体、采矿权范围、地下开采面、采空区等矿山地质对象的时空过程的表达，以及多层次、多源对地观测数据的融合和多级别非法采矿事件的响应。接下来，我们先对该模型中相关要素的概念进行说明。

地质对象：指地质的矿体、围岩、巷道、地质构造、地表等基本特征的各类标志的空间变化性质、变化程度的抽象表达，可表示为笛卡儿关系所构成的空间域、时间域和专题属性域的集合。对象不仅是一种高层次的地理空间表达方式，同时也是一种知识层次的数据结构（Mennis et al.，2000）。

如图 3-3 所示，知识对象层和数据要素层组件象征着不同地质对象的知识层级和能力。通过数据要素层组件能获取到最基础的原材料，而知识对象层组件就是将低层数据转换为高层知识的整个过程，即从原始数据提取能提供决策支撑的知识。当地质对象具备或者可以描述足够多、有意义的知识时，从连续的地质对象数据中就能在一定程度上提取出地质时空知识。

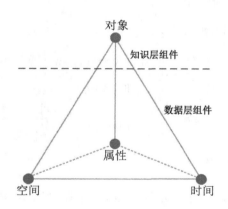

图 3-3　地质对象的时空知识表达

地质事件：它是矿山地质对象由非正常变化引起矿体发生显著变化的一次时空演化过程，当地质对象发展演化到某种程度时，地质事件将产生并会传递给相关联的矿体对象。在某个特定条件的驱动下，相关联的地质对象随之也将产生新的时空变化，它是地质对象变化的直接原因，同时也可以是由地质事件多因素驱动模型的结果，是地质时空过程能够继续发展演化下去的动力。

地质事件多因素驱动演化的时空过程（Liu et al.，2008）如图 3-4 所示，该驱动模型就好比地质事件的生成地，即根据一定的约束规则创建与之对应的过滤器，当符合过滤器条件的地质事件传入地质事件池时，则通过过滤器的约束运算模拟出相对应的地质事件，再重新回到地质事件池中。各类地质事件通过过滤器、约束运算等处理操作后，可生成更深度的地质事件，能较好地处理地质时空动态变化过程中不同地质事件粒度和多地质对象状态同时变化的问题。

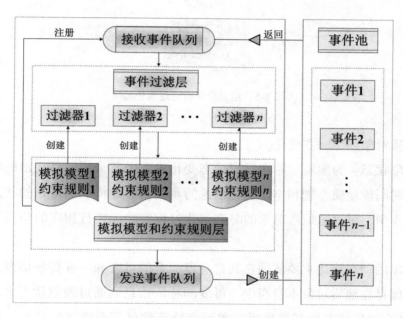

图 3-4　地质事件多因素驱动过程模型

地质时空过程：是指地质矿体对象沿着一段时间轴动态演化的历程，是具有多维的地质对象相互作用使得专题属性或空间形态变化所产生事件和响应事件的过程。因此，地质时空过程的实质是地质对象的空间和专题属性信息沿着时间序列的变化过程，对于矿区存在的不同程度的地表形变，其地表时空变化的发生即意味着地质对象状态的改变，而这种改变往往是由地质有关事件引发的。一般来讲，引发矿区地表形变信息产生的行为和事件可以分为由地下水抽取、工矿开挖等人为事件以及地表水渗透、地质构造活动、侵蚀作用等自然事件，其时空过程模型如图 3-5 所示。

地质事件类型：地质事件类型中包含地质对象生成该类地质事件的约束条件，或该类地质事件驱动着地质对象产生变化的约束条件。在地质时空数据模型中，地质事件类型根据不同的目的，需注册到相应的地质对象中。地质事件类型注册分为两种：一种是用来确定地质对象可以生成哪一类地质事件；另一种用来判断哪一类地质事件

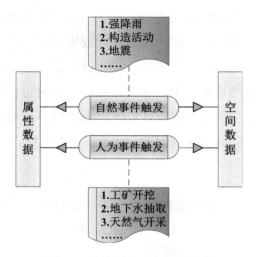

图 3-5　地表形变时空过程模型

可以驱动地质对象产生时空变化。

地质对象状态：为地质对象在空间动态变化过程中某个瞬间呈现出的状态。利用状态记录某时间段地质专题和空间变化信息的观测，通过将观测得到的状态数据存储到时空数据库中，可表达地质对象的时空演化过程，并能进行相应的信息查询与时空分析。

地质对象的动态演化主要体现在其自身所拥有的可变和不变特征信息，而不变的特征信息则保存在地质对象本身当中，可变的特征信息则通过地质状态来表达，如图 3-6 所示。每个地质状态保留该地质对象可变特征信息某个瞬间的情况，然而地质对象的专题和空间属性的发展程度大相径庭。比如，地下开采面的空间范围和地表形变量，地下开采面的空间范围在不断扩大，而地表的沉陷区范围明显低于地下开采面的空间范围。为了均衡地质时空数据库的信息管理和存储，可将地质对象的空间属性和专题属性分开存储，易于对状态数据的维护和资源的节约。

地质观测：就是利用空天地对地观测手段或传感器对自然地理现象进行观察或测定，且能为地质对象提供动态变化的时空信息和专题属性。地质观测是传感器数据与地质时空过程相串联的主要途径，它是将获取的时空数据加载到地质时空过程的重要环节，也是事件类型注册到地质时空过程的一种操作服务。当接收到新的观测值时，地质观测就将产生的地质事件发送至地质时空过程，地质时空过程再把收到的新信息转发给注册的地质对象。

代理对象：主要负责处理地质事件多因素驱动模型对象产生的一些特定事件，它不仅能接收一般地质对象相应的响应事件，还能处理地质模拟过程中相应结果的输出。

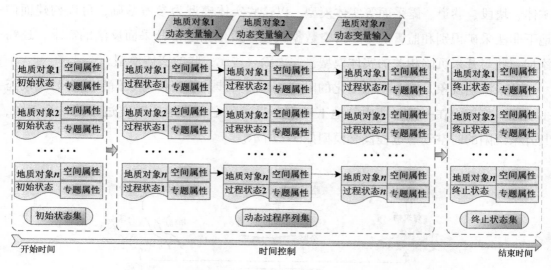

图 3-6 地质对象的状态表达

图层：是地图中最基本的要素，就是按某种属性将数据分为若干文件，并使每个文件数据具有共同结构和特性的集合对象类。把图层类加载到地质时空过程中，可用于对地质事件进行响应。

3.2 矿山开采沉陷动态过程模拟与描述

在矿产资源的开采进程中，随着地下矿产资源逐渐被采掘，矿区的岩层、开采巷道以及地表等对象都将遭到破坏，并产生一定的移动和变形，促使地质对象的属性值也发生变化(吴立新，2008)。这个变化的过程有着一定的时空演化特征，故通过建立地质时空数据模型，对矿山地下开采过程中的各地质对象进行时空模拟与描述。因此，针对开展地下非法采矿识别的实际需求，以实现矿山开采沉陷动态时空过程模拟和描述为目标，综合运用地上、地下多源数据，研究矿山动态开采过程中矿体、地质体、开采面、巷道及地表等地质对象的时空演化过程，抽取矿山开采沉陷过程中涉及的主要地质对象以及对象间相互作用的事件，通过对开采沉陷时空动态过程模型的描述和扩展，将地质对象和相关事件融入 GIS 时空数据模型。在进行地下非法采矿事件的监管过程中，该模型能精确地描述和分析不同时空维度下自然地质事件和人为开采事件中各种地质体、人工开挖设施等地质对象的演化规律。

3.2.1 矿山开采沉陷时空动态过程概念模型

一般来讲，地质矿山模型主要包含地表、采空区、开采面、钻孔、岩体、地层、矿体、块段、巷道、露采面等实体模型，以这些实体模型为参考基础，可以构建面向地下非法采矿识别和监管的 GIS 时空数据模型。但依据地下开采面反演的需求，还需添加一些与开采沉陷相关的实体模型，并去除一些无关联的实体模型。

开采沉陷现象是一个动态变化的时空过程，其涉及的实体对象信息具有时空动态多变性。将矿山在一段时期内的地下动态开采过程定义为地质时空过程的一个对象，其开采沉陷的时空动态过程概念模型如 3-7 所示。

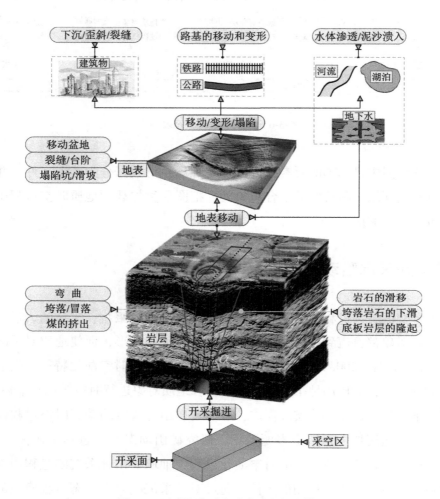

图 3-7　开采沉陷时空动态过程概念模型

在概念模型中，矿山开采沉陷过程中涉及的主要地质对象和地质事件如下所示。

1. 地质对象

岩体：是指由各类岩石资源所构成的原生地质体。岩体模型由一系列的节点及其拓扑结构组成基本的几何要素信息，且随着地下开采面的不断推进，一些岩体模型会发生"啃噬"和逐步消亡现象。

矿体：是指含有一定矿石存储量且具有较好资源价值的地质体（杨言辰等，2003）。围绕矿体旁边没有太大价值的岩石是围岩，它的名称常与岩层、地层、岩体混用。随着地下开采过程的推进，受采动影响的矿体模型的几何结构将逐渐产生变化，导致某些矿体逐渐被"啃噬"甚至消亡，而在矿山开采过程中又有新的矿体模型不断出现。

矿山地表：即在地球上进行矿产资源开采活动区域的表面。矿山地表要素是指在矿产资源开采进程中，存留在矿区地表上跟采矿活动有关的各种要素，当采用地下开采的方法时，矿山地表要素主要包括矿石堆、工矿仓储、采矿场等（张鸿键，2015）。同时也会引发地表移动和不均匀沉降，造成地表建筑物、植被及生态环境的破坏。把矿山地表同一类型的要素组成一个图层，可构成如图 3-8 所示的矿山地表要素图层。因此，利用矿山地表要素图层的空间位置关系、组织结构和地表形变特征，实现矿山地表要素信息的有效解译和动态提取，再结合矿山地层信息、岩体信息、矿权范围以及地形图等间接解译辅助数据，能为矿山非法采矿事件的动态监测提供科学依据。

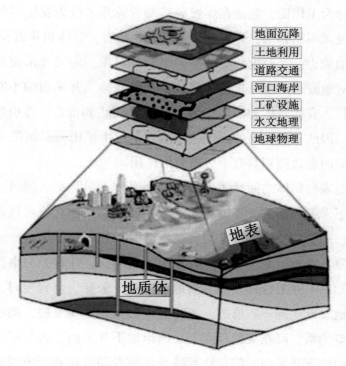

图 3-8 矿山地表对象的图层要素表达

矿权范围：是指有关单位或个人依据相关政策规定拥有开采矿产资源权利的范围。任何个人和企业不得私自到他人已获得矿产资源采矿权的矿区界线里采矿（邹瑜，1991）。而在实际生活当中，存在一些未获批采矿权就进行无证非法采矿的行为，也存在一些在审批通过的矿权范围外进行越界非法采矿的活动。由于非法开采者常常采取措施规避监管，加之矿山地下地质结构的复杂性，在进行地下矿产资源的开采时，难以及时发现无证开采的行为和甄别出越界开采的活动。因此，通过定义一个或多个矿权范围模型，根据地表形变信息，结合矿山实体模型和地下开采数据，可以识别出地下无证开采和越界开采等现象。

采空区：是由人为采掘行为导致矿山地表下面产生的"空洞区"。在矿山开采过程中，埋藏在矿山地表下面的矿产资源被挖掘并通过巷道运送到地面，且随着煤炭等矿产资源的不断采掘和运出，矿山地表下面将产生许多的"空洞区"，这些"空洞区"就是矿山中的采空区。由于采空区的隐蔽性较强，且采空区在顶部地层岩体巨大的压力作用下，会出现顶板冒落塌陷的情况，并将波及地面，引起地表沉降，容易造成地面坍塌事故，给矿山安全生产带来严重的威胁。另外，在一定程度上采空区引起的地表沉降的分布情况和形变特征也会影响后续非法开采的识别任务，这就需根据开采沉陷理论和规律进行甄别。

开采面：又称为工作面，它是在煤炭等矿产资源开采行为发生时的工作地点和位置，随着采掘进度而不断移动，并直接影响矿体、地表、岩体和巷道等相关地质对象。本研究将开采面抽象为一个厚度较小的空间多面体对象，定义开采面对象的主要作用就是向其他地质对象发送矿山开采行为事件，且随着地下开采面的不断推进，地下巷道也会增多和延长，有些岩体和矿体也会逐渐被"啃噬"和消亡，并引起地表形变等一系列现象和事件。因此，开采面的推进这一事件是整个矿山开采沉陷动态过程的引发点，对于非法采矿的有效甄别具有十分重要的作用。

巷道：是从地表与矿体之间钻凿出的用来为采矿人员运矿、通风、排水的各种通道。随着矿山地下采掘的推进，巷道对象将产生新的巷道子对象，且新产生巷道子对象的长度、宽度、高度和边界形状也均会在一定程度上发生变化。

预警预报对象：对地下非法事件进行预警预报响应，并将相关事件通过发送预警预报的方式来通知矿山开采管理人员。当地下资源开采到一定程度时，会在地表或多或少地留下诸如地表形变等一些痕迹，通过捕捉和描述这些痕迹，揭示这些痕迹与地下开采区域的时空关系，可在某种程度上反演出地下开采面，再与矿权范围进行时空分析。当反演出的地下开采面的信息达到警戒线或者即将达到警戒线时，该开采面对象即向非法采矿监管系统发送预警预报事件。

2. 地质事件

新建开采面事件：在矿山新的位置和地点进行地下开采时，将会创建一个新的开采面对象。为了较好地掌握矿山的开展进度情况，在对创建的开采面对象开采之前，也可对开采面对象层根据开采计划和矿权范围对象来提前预设这一事件。

开采面推进事件：是矿权范围对象可接收的主要事件，矿权范围对象通过获取矿山地表对象的形变信息等数据，反演出地下开采面推进过程中开采面的空间位置、采厚以及推进距离，并据此来甄别是否存在无证、越界或越层的非法开采事件。

矿权范围调整事件：在矿山资源开采之前，允许开采的矿权范围一般已确定好。但由于一些特定因素的影响，在开采过程中也存在对矿权范围进行调整的情况，为了对此类事件进行响应和调整，故需定义矿权范围调整事件，以便通知矿权范围对象及时调整新事件的几何和专题等相关信息。

采出岩体边界事件：通常情况下，岩体的范围界线是确定好的，当开采面对象在采掘中超出了岩体的范围，那么岩体对象就会响应采出岩体边界事件。

采出矿体边界事件：通常情况下，矿体对象的边界线是确定的，当开采面对象在地下开采过程中越出了矿体对象的边界范围，那么矿体对象就会发送出采出矿体边界事件。

地表形变移动事件：当监测到矿山地表形变移动事件时，通过概率积分法反演出地下开采面的空间范围，并发送给开采面对象。

新建地表形变事件：当监测到矿山地表一个新的地表形变信息时，则生成一个新建地表形变事件，并通过开采沉陷特征和规律来确定该地表形变是否由地下开采引起，如满足条件，则发送给开采面对象。

无证开采事件：是矿权范围对象可发送给的主要事件，当开采面接收到一个新建开采面事件时，发送给矿权范围对象，当新建开采面事件在采矿权边界范围之外，则向开采面对象发送无证开采事件的响应，提醒非法采矿监管系统作出相应的预警处理。如新建开采面事件在采矿权边界范围之内，但又不属于开采计划中的开采行为，亦需向开采面对象发送无证开采事件的响应。

越界开采事件：是矿权范围对象可发送给的主要事件，当地下开采面对象推进的空间范围超出了采矿权边界，矿权范围对象通过时空分析的方法得以识别后，及时向开采面对象发送越界开采事件的响应，提醒非法采矿监管系统作出相应的预警处理。

越层开采事件：是矿权范围对象可发送给的主要事件，当地下开采面对象开采的矿层超越了审批矿层，矿权范围对象通过时空分析的方法得以识别后，及时向开采面对象发送越层开采事件的响应，提醒非法采矿监管系统作出相应的预警处理。

新建巷道事件：当采掘一个新的巷道时，则创建一个新建巷道事件，并发送给监管系统和其他相关对象。

3. 地质事件多因素驱动模型

触发矿山地表发生形变的原因很多，有人为事件触发和自然事件触发，而对于地下开采引起的地表形变信息，有其独特的形变特征，在具体应用时可选用相应的模拟模型。

4. 地质事件多因素驱动约束规则

实现对地下非法采矿事件的识别涉及众多约束规则，而针对地下开采过程中所关联的地质事件，可把约束规则细分为地表形变约束规则、开采面推进约束规则、矿权范围约束规则。

3.2.2　矿山开采沉陷时空动态过程描述

在面向地下非法采矿识别的 GIS 时空数据模型中，不仅要根据矿山开采的时空动态过程建立相关的地质对象，还需考虑这些地质对象之间相关事件的传递和驱动情况。当地质事件类型成功注册到地质对象中后，且地质对象属性值的变化量能符合所约束的要求时，便可生成该地质事件；当地质事件所携带的属性值能符合地质事件类型所约束的要求，则驱使地理对象作出响应，并发生时空变化，产生一个新的状态，地质对象和地质事件相互作用的条件和过程如图 3-9 所示。

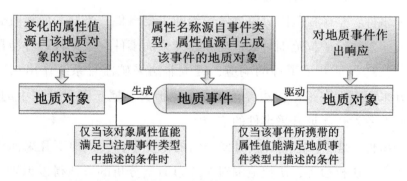

图 3-9　地质对象和地质事件相互作用的条件和过程

从地下非法采矿识别的角度来探究开采沉陷的时空动态过程，可以抽取出相关的核心过程加以描述。针对每一个地质对象相关的地质事件，还可以把这些地质事件划分为对象接收事件、对象发出事件以及事件响应方法等类型。确定了各地质对象在地下开采过程中触发的地质事件，根据地表形变多因素模型、开采沉陷过程模拟模型和开采沉陷约束规则进行过程描述，如满足描述的条件，则驱动地质对象发生时空变化，产生一个新的状态，以此推动矿山开采沉陷的时空动态过程，该过程如图3-10所示。

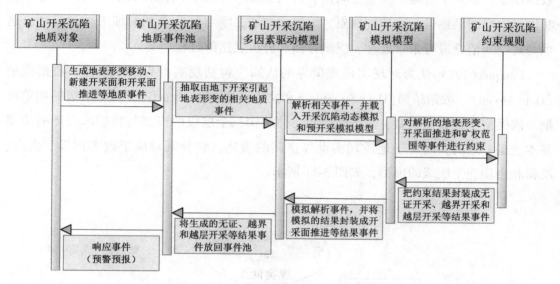

图 3-10　矿山开采沉陷的时空动态过程

过程可具体描述为：①通过空-天-地对地观测各类传感器监测矿山地表形变等信息，矿山地表、地下开采面、矿体等地质对象可根据这些形变信息创建相应的地质事件，并放入矿山地下动态开采时间池中，生成新建地表形变、地表形变移动、新建开采面和开采面推进等地质事件；②加载开采沉陷时空过程所涉及的模拟模型和约束规则，并从事件池中抽取由地下开采引起地表形变的相关地质事件，摒弃由自然事件触发或其他人为事件触发（如地下水抽取等）的地质事件行为；③解析相关地质事件，并导入对应的模型；④对地表形变、开采面推进、矿权范围和预警预报等事件进行约束；⑤将约束出的地质事件封装成无证开采、越界开采、越层开采等；⑥对解析出的地质事件进行模拟，并封装成新建开采面、开采面推进等；⑦再将生成的无证开采、越界开采、越层开采等重新放回地质事件池中；⑧依据最后的结果选择相应的事件响应，或者开始下一个开采沉陷时空过程。

3.3 面向非法采矿识别 GIS 时空数据模型的逻辑组织

面向地下非法采矿识别的动态 GIS 时空数据模型的主要研究目标就是在对时空数据模型理论及技术框架进行探究的基础上，完整地描述矿山开采沉陷的动态时空过程，建立面向地下非法采矿识别的矿山开采沉陷动态过程模拟和实时表达的 GIS 时空数据模型。而为了对地质现实空间世界进行抽象、描述、模拟和表达，则需对地质现实世界中空间信息进行感知、抽象、编码、推断、学习等一系列的加工处理过程，这也是对空间信息进行采集处理、组织存储和分析表达的过程。

Peuquet(1984)认为对现实地理世界的认知应包括现实世界(Reality)、数据模型(Data Model)、数据结构(Data Structure)和文件结构(File Structure)四个层级的抽象模型。该模型中的数据模型、数据结构和文件结构三个层级的模型与数据库设计的步骤基本上是一致的，而对于地质现实世界空间的表达，它分别对应于现实世界、概念、逻辑和物理四个层级的模型，如图 3-11 所示。

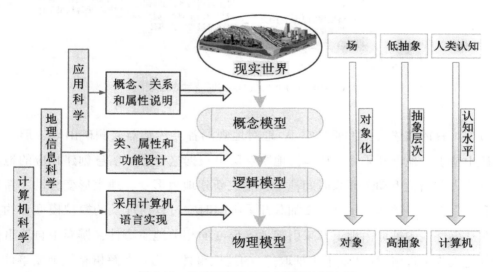

图 3-11 地质现实世界的空间表达层次图

3.3.1 支持地质时空过程动态表达的 GIS 数据模型

在前两节中，主要是对面向地下非法采矿识别的动态 GIS 时空数据概念模型进行了研究，定义了各种地质对象及相关的各类事件后，仅仅是在理论和概念层级上进行了分析和模拟，还需考虑与概念模型中各地质对象相映射的具体类的逻辑抽象与表达，即逻辑模型的设计和描述。因此，为了表达地质时空过程、地质对象、地质事件、事件类型、地质状态和地质观测之间的时空关系，给面向地下非法采矿识别的实现提供 GIS 时空数据的存储与管理支持，故采用统一建模语言（UML）来描述和构建动态 GIS 时空数据模型（李小龙，2014）。

复杂地质现象的时空变化主要包含时空过程、地质对象和地质事件三个核心元素，除了这三个核心元素之外，还有地质观测、传感器对象、地质事件类型、图层等一些辅助元素。围绕着这些核心元素及其相互关系进行展开，得到如图 3-12 所示的支持地质时空过程动态表达的 GIS 数据模型。

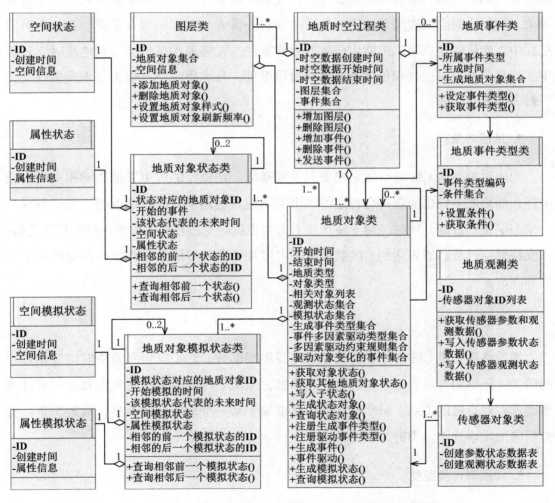

图 3-12 支持地质时空过程动态表达的 GIS 数据模型

1. 地质观测类

地质观测类主要用来读取参数和观测数据，并通过相关参数和数据写入数据表中，为地质对象生成对象状态提供动态的时空数据。地质观测是衔接地质时空过程与传感器间的重要纽带，也是实现动态 GIS 时空数据模型的数据基础和必要操作过程，且地质观测类有指向传感器对象类的关联关系。

2. 地质时空过程类

地质时空过程类负责对整个时空变化的场景进行描述和控制，它就像一个容器，管理着内部的地质对象类和地质事件类，且每个地质时空过程对象至少包含一个地质对象，故地质时空过程类与地质对象类是一对一或者一对多的聚合关系。在地质时空过程中，变化的地质对象可能生成新的地质事件，并将地质事件发送到地质时空过程中，故每个地质时空过程包含不定量的地质事件，且地质时空过程类与地质事件类是一对多的聚合关系。

3. 地质对象类

地质对象类是 GIS 时空数据模型的重要基础，在特定的约束下能驱动相应的地质事件，而地质事件也能在符合特定的约束下驱使其他地质对象不断改变，最终形成一个动态演化的过程。同时，为了使地质对象与地质时空过程和地质事件产生相互关联，在支持时空过程动态表达的 GIS 数据模型中增加了事件多因素驱动以及规则约束等属性和方法。

4. 地质事件类

地质事件类是 GIS 时空数据模型的重要组成部分，它不仅定义地质时空变化过程的语义，还驱动着地质时空不断变化。同时，地质事件类与地质对象类和地质事件类型类都有着直接的关系，每个地质事件都隶属于某一个地质事件类型，故地质事件类有指向地质事件类型类的关联关系。

5. 地质事件类型类

地质事件类型类是 GIS 时空数据模型中一个较为重要的类，它通过登记到地质对象中来判别生成的类型和要求。

6. 地质对象状态类

地质对象状态类是地质对象可变属性在某一时刻的动态变化快照。在地质事件的驱动下，地质对象会产生一系列的状态，用于表达地质对象的时空发展变化。而根据传感器观测数据产生的地质对象状态是客观存在的，故须有一个用来管理地质对象状态的类，因此，地质对象类与地质对象状态类是一对多的聚合关系。而空间和属性状态分别存储了地质对象状态的空间和属性信息。

7. 地质对象模拟状态类

通过地质事件的驱动，可使地质对象处于一个模拟状态，可实时模拟出地质对象的时空演化过程。而根据传感器观测数据产生的地质对象状态是客观存在的，且地质事件驱动得到的地质对象状态是模拟预测出来的，故须有一个用来管理地质对象模拟状态的类。因此，地质对象类与地质对象模拟状态类是一对多的聚合关系。而空间和属性模拟状态分别记录了地质对象模拟状态的空间和属性内容。

8. 图层类

图层包含了具有相同属性、结构和特性的地质对象，在图层中能够随时添加和移除相关地质对象。通过创建和使用图层，可以对所包含的地质对象集合设置统一的符号、颜色等样式，且图层类可以加入地质时空过程中，可用来响应有关地质事件。

3.3.2 面向地下非法采矿识别的时空变化过程模型

利用 GIS 时空数据模型来模拟地下非法采矿识别的动态过程，还需要从矿区环境中抽象出相对应的地质对象、地质事件和地质事件类型等主要的相关要素。

在一般情况下，可将由地下开采引起地表形变的整个时空变化的场景定义为地质时空过程，用于记录该地质时空变化场景的含义、内容及其相互之间的作用关系。因此，在面向地下非法采矿识别的过程中，可将"开采沉陷"定义为地质时空过程，地质对象是开采沉陷时空变化过程的实体部分，主要包含"开采面""矿山地表"和"矿权范围"等地质对象。而开采沉陷的过程是由开采面生成地质事件，矿区地表则响应地质事件。地质事件类型是联系地质对象与地质事件的纽带，根据地下非法采矿的方式可分为四种地质事件类型，即无非法开采、无证开采、越层开采和越界开采。那么，地质事件也可相应地分为无非法开采事件、无证开采事件、越层开采事件和越界开采事件。将 GIS 时空数据模型中的各要素抽象为类，得到如图 3-13 所示的面向地下非法采矿识别的时空变化过程模型。

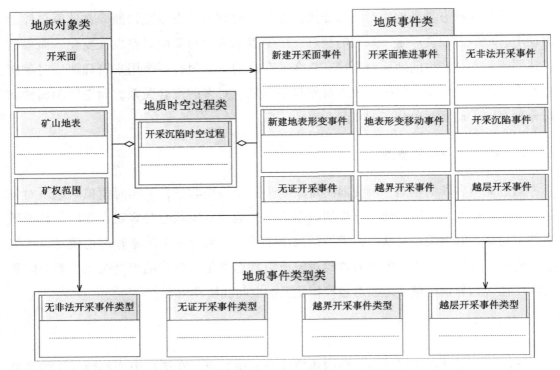

图 3-13　面向地下非法采矿识别的时空变化过程模型

表 3-1 具体说明、列举面向地下非法采矿识别的时空变化过程模型中的各个类。

表 3-1　面向地下非法采矿识别的时空变化过程模型类

类　　名	说　　明
开采沉陷时空过程	管理矿山开采沉陷时空过程的相关参数，如过程名称、起止时间、空间范围、关联事件多因素驱动模型等，并获取地质事件，将获取到的地质事件发送给受影响的地质对象
矿山地表对象	管理矿山地表的相关特征，如形变位置、形变范围、形变值、形变状态变化等，并将形变状态变化生成相应事件类型的地质事件
开采面对象	管理矿山开采面对象应具备的特性，如编号、开采位置、开采厚度、开采宽度、起止时间等，并响应不同地质类型事件的驱动

类　名	说　明
矿权范围对象	管理矿山矿区范围对象自身的特征,如矿山开采范围、开采时间等,监管矿山的合法开采,并响应不同非法采矿类型事件的驱动
新建地表形变事件	管理新建地表形变事件本身的特征,如事件 ID、事件名称、事件类型、事件生成时间等
地表形变移动事件	管理地表形变移动事件本身的特征,如事件 ID、事件名称、事件类型、事件起止时间等
开采沉陷事件	管理开采沉陷事件本身的特征,如事件 ID、事件名称、事件类型、事件起止时间以及覆岩结构、煤层埋深、沉陷范围、沉陷速率等
新建开采面事件	管理新建开采面事件本身的特征,如事件 ID、事件名称、事件类型、事件生成时间、事件位置等
开采面推进事件	管理开采面推进事件本身的特征,如事件 ID、事件名称、事件类型、事件生成时间、事件推进高度、事件推进宽度等
无非法开采事件	管理无非法开采事件本身的特征,如事件 ID、事件名称、事件类型、事件生成时间等
无证开采事件	管理无证开采事件本身的特征,如事件 ID、事件名称、事件类型、事件生成时间等
越界开采事件	管理越界开采事件本身的特征,如事件 ID、事件名称、事件类型、事件生成时间等
越层开采事件	管理越层开采事件本身的特征,如事件 ID、事件名称、事件类型、事件生成时间等
无非法开采事件类型	管理无非法开采事件类型本身的特征,如事件类型 ID、事件类型名称、事件类型、事件类型包含的生成或约束和驱动条件等
无证开采事件类型	管理无证开采事件类型本身的特征,如事件类型 ID、事件类型名称、事件类型、事件类型包含的生成或约束和驱动条件等
越界开采事件类型	管理越界开采事件类型本身的特征,如事件类型 ID、事件类型名称、事件类型、事件类型包含的生成或约束和驱动条件等
越层开采事件类型	管理越层开采事件类型本身的特征,如事件类型 ID、事件类型名称、事件类型、事件类型包含的生成或约束和驱动条件等

开采面对象根据地下开采位置和范围，生成对应等级的地质事件，并且将生成的地质事件发送到开采沉陷的地质时空过程中，并将该地质事件发送到所对应的矿山地表；矿山地表则根据接收到的地质事件信息，决定驱动该地质事件的下一步操作如何响应该事件的驱动，它们之间的交互关系如图 3-14 所示。

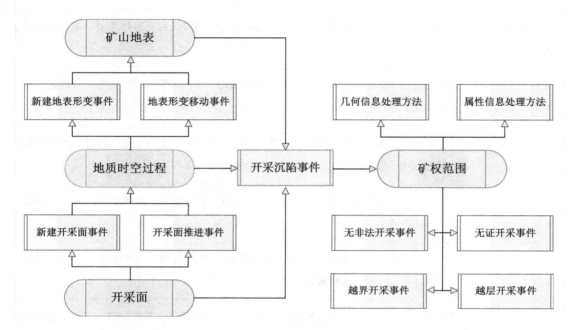

图 3-14　面向地下非法采矿识别时空变化过程模型主要对象的交互图

其中，矿山地表对象在地表形变状态满足相应条件时才产生对应级别的事件。而由于矿山地下开采是一个开放的复杂系统，地下开采面在不断移动和推进，地质时空过程需不断地通知区域内矿山地表所发生的最新事件，矿山地表接到事件后，则根据地质事件多因素驱动约束规则生成对应的开采沉陷事件。当矿权范围对象接收到开采沉陷事件后，判断其是否存在无证开采、越界开采和越层开采事件，如果非法开采事件得以确认后，则对地下非法事件进行预警预报响应，以警示系统和矿山管理人员做出相应的处理。如矿权范围对象发送无非法开采事件，则表示地下开采面推进正常，无须做相应的应急处理。

3.3.3　矿山开采沉陷时空数据库表结构

面向非法采矿识别的 GIS 时空数据模型需要收集和处理矿山开采过程中产生的各类数据。尤其是对矿山开采沉陷过程进行时空分析，不仅要利用地表沉陷和地下开采监测等动态变化数据，还需要获取和收集反映整个区域范围内矿山地质构造、开采面深度等与地表形变有关的各种数据，比如矿区地形地质图、矿山现场巡查"一张图"、地理国情监测和其他相关资料等专题数据，其数据格式一般为扫描图片、CASS 制图、文本资料以及常用相关处理软件的格式数据。而对于开采沉陷动态变化过程而言，地理、水文和地质等专题数据时空变化缓慢，可以看作准静态的，如图 3-15 所示。但为了实现地质矿山开采相关专题数据的 GIS 互操作处理，在入库之前，还需对数据进行标准化处理，经过坐标配准、投影变换、格式转换、信息录入、数据编辑和质量检查等预处理后，再统一录入矿山开采沉陷时空数据库。

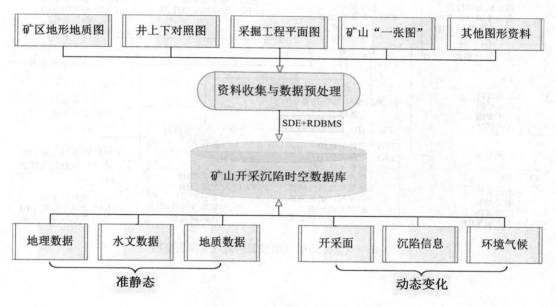

图 3-15　矿山开采沉陷时空数据库

为了实现区域范围内矿山多源、多量、多类和多维数据的高效存储和管理，矿山开采沉陷时空数据库采用空间数据引擎(SDE)与关系型数据库管理系统(RDBMS)相结合的方式。同时，为使矿山开采沉陷时空数据库能从不同角度表达矿区的生态环境和开采沉陷过程的形成演化，支持开采沉陷 GIS 时空数据模型的内容和结构，定义了如图 3-16 所示的数据库表结构。

其中，图层表主要用于描述和管理具有相同属性、结构和特性的地质对象；地质时空过程表主要用于存储时空过程的名称、作用空间范围和地质事件列表等相关属性，且地质事件列表中的每一个地质事件都指向一个地质事件表；地质对象主要用于存储地质对象名称和类型等相关属性，且地质对象在不同时刻下的状态可通过对象状态表进行存储和描述；模拟状态表主要是用于记录地质对象动态模拟的状态。

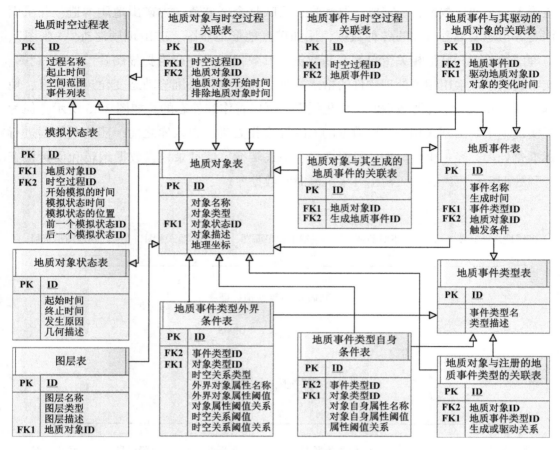

图 3-16　支持地质时空动态表达的数据库表结构

3.4　地下非法采矿识别平台体系结构

由于 InSAR 技术在国内外各种实际应用中呈现出的优势特点，并且随着相关理论知识的丰富和星载 SAR 数据的多样化，已逐步成为获取矿区地表沉陷信息的主要技术。而 GIS 不仅具有强大的空间分析功能，还支持遥感图像数据信息的深度挖掘与利用，具有极强的空间综合分析和动态预测能力。InSAR 和 GIS 技术的集成应用，不但可以快速地提取到研究对象的遥感影像信息，还能融合运用 GIS 强大的可视化和空间分析等工具模型。因此，利用支持地质时空过程动态表达的 GIS 数据模型，借助 GIS 工具模块来处理 InSAR 技术获取的沉降监测数据，实现沉降时空关系建模和分析统计功能，可根据地表形变的发育特征和变化趋势来推演地下煤层的开采情况，进而为识别地下无证非法采矿提供人机交互式的空间决策支持。

3.4.1 InSAR 与 GIS 技术的集成

矿山观测数据主要源自遥感卫星监测数据、地面水准和 GPS 监测数据、报表数据、地质图件和矿权范围数据，而矿山地表的沉陷监测主要以 SAR 影像为基础数据。

利用 InSAR 技术能从干涉相位信息中分离出地表的形变信息，保证了矿区开采沉陷时空动态研究的数据来源，且输出数据可为栅格结构，适于 GIS 环境下的操作和处理，有利于矿区开采沉陷时空规律的分析表达和地下非法采矿的识别。集成 D-InSAR 与 GIS 技术地下非法采矿识别的技术路线如图 3-17 所示。

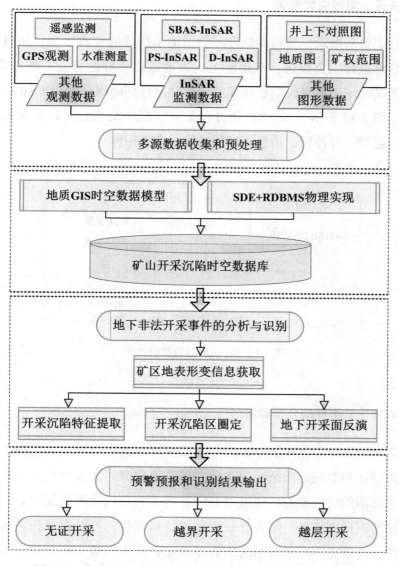

图 3-17 集成 InSAR 与 GIS 技术地下非法采矿识别的技术路线

1. 资料收集与数据预处理

数据源主要是以 D-InSAR、PS-InSAR 和 SBAS-InSAR 等多种 InSAR 技术为主的多源数据融合，采用多技术集成的矿区地表形变(沉降)信息获取方法，但也要收集矿山井上下数据、矿权范围、历史资料、地理国情普查数据、矿区地形地质图以及社会举报等数据资料。同时，为了便于不同类型专题数据以及不同格式图形数据的管理和互操作，还需利用 GIS 工具对多源数据进行坐标配准、投影变换、格式转换、信息录入和图形编辑等预处理。

2. 矿区开采沉陷时空数据库

此次研究主要从概念、逻辑和物理三个层面来构建时空数据库，从概念上对时空数据库所含信息进行完整描述，从逻辑上运用地理建模理论建立一种包含时空过程、几何尺度、语义的地表形变时空数据模型。在物理存储中则使用 SDE+RDBMS 的方式。其运行机制如图 3-18 所示。ArcSDE 通过和关系数据库交互的接口实现多用户管理一个配置灵活、连续、可伸缩、信息丰富的共享时空数据库。

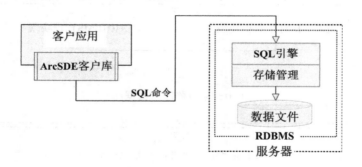

图 3-18　ArcSDE 运行机制示意图

3. 地下非法采矿事件的分析和识别

GIS 不仅具有强大的空间分析功能，还有各种专业化的模块，有利于获取矿区地表形变的发育特征和空间分布情况，并且它强调地理空间实体的时空变化，能从时间角度分析开采沉陷的时空动态。通过以 InSAR 技术为主的多源数据融合、多技术集成获取到的矿区地表形变信息，结合开采沉陷理论和规律，可以提取到矿区开采沉陷特征和相关量值，并能实现开采沉陷区的自动圈定；再引入概率积分法，可反演出地下新的开采事件以及地下开采面的空间位置和范围。在此基础上，通过掌握开采沉陷各地质对象实体的时空动态过程特征，对不同时序的多源数据进行时空分析和统计运算，可以实现对无证开采、越界开采和越层开采等地下非法采矿事件的识别。

4. 预警预报和识别结果输出

预警预报主要是沿用面向对象的思路，可以将区域范围的某一类非法开采信息看作一个地质对象，每个非法开采对象有着自身的几何和属性信息，当该区域的非法开采信息达到警戒线或者即将达到警戒线时，该区域范围内相关非法开采信息对象即向矿山开采监管平台发送预警预报事件。而地下非法采矿的识别结果可输出为不同格式的空间数据，比如点、线、面的矢量格式，也可以制作成统计图表或专题地图。

3.4.2　地下非法采矿识别平台体系的构建

1. 功能模块

地下非法开采事件有多种类型，如表 3-2 所示，不同类型的识别难度及需解决的关键问题和功能模块不尽相同。针对地下无证开采、越界开采、越层开采识别中的难点及不同应用需求，识别平台主要由数据处理与管理、地表形变信息获取、开采沉陷特征提取、开采沉陷区圈定、地下开采面反演和地下非法采矿识别六大模块组成。

表 3-2　地下非法开采类型及主要识别途径

非法开采类型	含义	项目拟采用的主要识别途
无证开采	未获审批的开采事件	利用地表形变等多源信息，根据受地下开采影响的矿区地表沉陷机理，发现地下采矿信息（痕迹），进而进行无证开采事件判别
越界开采	超过审批矿界的开采事件	通过地表采动信息反演地下开采范围，将地下开采范围与采矿权范围对比，圈定、识别越界开采面和事件
越层开采	超越审批矿层的开采事件	通过地表下沉量、地面矿堆、堆露在地表矿石、矸石及尾矿等信息，推断地下采厚、采出量、开采所在层位，进而推断越层开采的区域

数据处理与管理模块的功能是对多源影像、图形数据和文本资料数据进行坐标配准、格式转换、信息录入等处理以及各图层数据的检索、添加和编辑操作，建立矿山开采沉陷时空动态分析与时空数据库间的数据接口，由此可以查看和编辑数据的要素

信息，经选择和整理后加载到分析平台中，从而完成相应的时空分析和非法采矿的自动识别。

地表形变信息提取模块主要包括形变区域查询、形变等值线绘制和形变分类统计三个模块。通过揭示星载 InSAR 在不同地表覆盖及气候状态下获取形变信息的适应性，选择合适的 InSAR 技术和星载 SAR 影像数据精确地获取区域范围内地表形变(沉降)信息；通过对多源数据的融合处理和分析，掌握不同时期内区域形变的空间分布特征，并以等值线或者分类渲染的形式来直观、定量地表达地表的形变情况。

开采沉陷特征提取模块主要是针对较小量级形变无证开采识别的要求，利用获取到的地表微(弱)形变信息，根据受地下开采影响的矿区地表沉陷机理，总结或分析矿区地表其他采动信息(包括地物地貌、地表覆盖、建筑物等变动信息)受地下开采的影响特点及在不同类别遥感上的影像特征，通过融合多源数据来捕捉和提取由地下开采引起地表的表征，并据此来发现地下采矿信息(痕迹)，从而甄别出隐蔽性极强的地下无证开采事件。

开采沉陷区圈定模块主要是针对较大量级形变无证开采识别的要求，根据地下开采引起地表沉陷典型的空间、几何和形变特征，通过精化 D-InSAR 差分干涉图的后处理算法，从覆盖范围大的差分干涉图中快速、高效、准确地筛选出由地下采矿引起的地表沉陷区的算法，共包含形变梯度计算、形变轮廓生成、开采沉陷区筛选三个模块。

地下开采面反演模块主要是根据地表形变时空分布、参数与地下开采区域的映射关系，找出影响这些关系的主控因素，如开采时间、开采厚度与深度、矿层倾角、推进速度、采空区大小等；在总结和归纳不同地形地貌、不同地层构造、不同覆(围)岩条件、不同开采方式等诱发的覆(围)岩形变、传递与地表形变特征的基础上，引入概率积分法以及量子遗传算法和量子退火法等方法，揭示地表形变与地下开采区域的关联机理，并据此推断出地下开采面的空间位置和范围。

地下非法采矿识别模板主要是针对无证开采、越界开采、越层开采等非法事件识别的不同要求，综合考虑或利用专题监测数据、其他井下数据及社会举报等数据，进行非法开采事件的判据增强、交叉验证和互补确认，建立合法开采与非法开采的甄别模型，并及时响应预警预报事件，发出预警预报事件通知矿山执法人员。同时，将识别结果输出为图形或者坐标的形式，以便提高矿山执法人员到实地查处非法事件的工作效率。

2. 技术实现

如图 3-19 所示，系统常采用基于应用层、技术层和数据层的三层 C/S 结构。应用层位于系统的最外层，为用户提供应用服务的图像界面，通过应用程序的交互操作完成非法采矿的识别分析。

该平台综合集成了 InSAR 技术和 GIS 技术，以矢量、数字栅格、遥感影像、井上下对照图、矿区范围、社会举报等为数据基础，以 Oracle 13g 框架为底层平台，构建矿山开采沉陷时空数据库；通过调用 ArcGIS Engine 10.3 提供的属性获取、图形裁剪、地图代数、要素转换、数据和图形输出等功能模块，实现地表形变信息的获取、开采沉陷特征的提取、开采沉陷区的圈定、地下开采面的反演和地下非法采矿的识别技术。

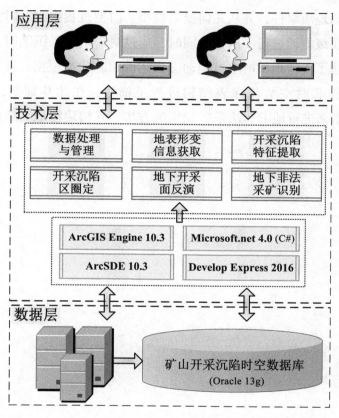

图 3-19　地下非法采矿识别的平台体系结构

基于前面对识别平台各功能模块的分析，程序中开采沉陷区圈定等关键技术则采用 Microsoft. net 4.0(C#)开发环境来实现。在应用层，通过调用建模工具可以完成对各种图形数据的高效处理以及非法开采识别结果的可视化显示，在整个识别过程中，只需选择相应的 InSAR 监测数据，定义好数据图层执行的操作功能后，便可由平台快速识别出地下非法采矿事件的坐标位置和范围。这极大地简化操作过程，满足了用户的具体需求。在分析结果表示方面则采用 Develop Express 2016 的有关控件，结合分类渲染、符号修饰等方法，以各类统计图和专题图的形式来表达，形象直观，易于理解。

3.5　本章小结

本章针对由地下开采引起的地表形变来反演地下开采面并以此进行地下非法采矿甄别的关键问题，提出一种面向地下非法采矿识别的动态 GIS 时空数据概念模型，介绍了支持地质事件多因素驱动 GIS 时空数据模型的基本概念和框架结构，定义了各种地质对象及相关的地质事件，并从几何要素模型、时空过程模型、时空反演模型和非法识别模型四个层级方面进行了阐述。同时，通过对矿山开采沉陷时空变化过程进行模拟与描述，构建了支持地质时空过程动态表达的 GIS 数据模型，并对矿山开采沉陷各个类的详细结构和时空数据库表结构进行了描述，在此基础上，提出一种集成 InSAR 与 GIS 技术来进行地下非法采矿识别的方法，并构建了地下非法采矿识别平台体系结构。

第 4 章　基于 D-InSAR 开采沉陷特征的地下无证开采识别

　　由于地下无证开采是未取得采矿许可证而擅自在地下秘密开展的活动，具有极高的隐蔽性，故开采的具体位置和时间无法确定，但在地下资源被开采出来后，其上覆岩层应力平衡遭到破坏，在一定时间的延迟后，将波及地表，导致采空区上方的地表产生规律的形变(于广明等，2001)。基于第 3 章构建的动态 GIS 时空数据概念模型和地下非法采矿识别平台，通过周期性地获取区域内地表形变信息和特征分布图，建立以开采沉陷特征为主的地表形变和地下采动事件的时空关系模型，可及时地掌握地表形变规律并推测出地下采矿活动开展的时间和位置，为识别出地下无证开采事件提供决策依据。但前提是构建好矿山地表对象与传感器对象直接的动态关系，并实现区域范围内地表形变信息的实时获取和地表开采沉陷范围的自动提取。因此，本章在描述和构建基于开采沉陷特征无证开采识别模型的主要类及其相互关系的基础上，设计一种基于时序 D-InSAR 技术的监测方案，并对整个数据处理的流程、方法以及相关参数设置进行精细化处理；同时，根据地下开采引起地表沉陷的典型特征，研究从覆盖范围较大的差分干涉图中快速、准确地圈定出地表沉陷区域的算法。最后通过实例分析验证基于开采沉陷特征进行无证开采识别方法的适用性，并对其识别精度作出相应评价。

4.1　矿山地表与图层对象动态关系构建

　　为了对区域范围内矿山地表的形变位置和范围以及开采沉陷特征进行建模与应用，将矿山地表抽象为地质对象，将监测矿山地表形变的星载 SAR 传感器和开采面(地下开采程度)分别抽象成相应的图层对象，如图 4-1 所示。星载 SAR 传感器观测到地表的位置坐标和形变信息以及地下开采面的采掘进度平面图都作为矿山地表对象的状态。

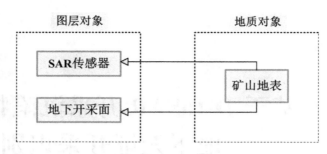

图 4-1　地质对象与图层对象的抽象

根据第 3 章提出的支持地质时空过程动态表达的 GIS 数据模型，可将本次实例中的星载 SAR 传感器、开采面、矿山地表以及它们的状态信息抽象成相应的类，并构成矿山地表开采沉陷动态监测模型，如图 4-2 所示。

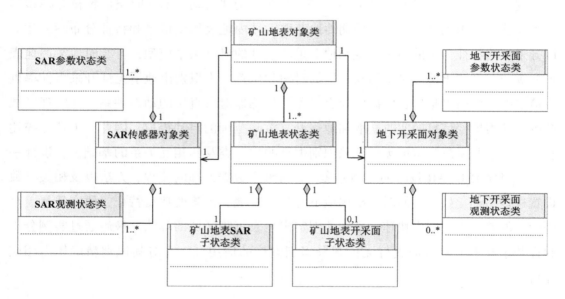

图 4-2　矿山地表开采沉陷监测模型的主要类及其相互关系

表 4-1 对矿山地表开采沉陷动态监测模型中的各个类进行具体说明列举。

根据矿山地表开采沉陷监测模型的主要类及其相互关系，可以得出，矿山开采时空过程的实时数据来源主要依赖于对地观测的星载 SAR 传感器和地下开采面的开采程度，且图层对象是衔接矿山开采时空过程与星载 SAR 传感器的重要纽带，这个衔接纽带是将星载 SAR 传感器数据和开采面采掘进度图接入矿山开采时空过程的必要操作。当地下有新的开采事件或者开采面在推进时，开采面对象则会根据地下开采位置和范围，

表 4-1 面向地下无证非法识别的时空变化过程模型类

类 名	说 明
SAR 传感器对象类	管理 SAR 传感器自身的特征，如工作模式、发射日期、承载平台等，并接受 SAR 传感器参数状态数据和观测状态数据
SAR 参数状态类	管理 SAR 传感器自身参数的变化，如波长、分辨率、极化方式等，尤其是工作状态的变化，如采用的 InSAR 形变监测方法
SAR 观测状态类	管理 SAR 传感器获取矿山地表形变信息，如坐标位置、形变量、获取时间等
地下开采面对象类	管理地下开采面自身的特征，如编号、矿权期限、责任单位、当前工作状态等，并接受地下开采面参数状态数据和观测状态数据
地下开采面参数状态类	管理地下开采面自身参数的变化，如岩层结构和矿产类型等，尤其是工作状态的变化，如采掘方式和采掘计划
地下开采面观测状态类	管理地下开采面自身的位置范围和相关专题属性信息，如空间位置、采空区范围、开采时间、采深、采厚和倾斜角等
矿山地表对象类	管理区域范围内矿山地表对象本身的特征，如权属单位、矿权范围、几何类型等，并从关联的 SAR 传感器对象中和开采面对象中分别获取地表的形变信息和时空关系，并写入相应的子状态中
矿山地表状态类	管理区域范围内矿山地表对象的状态信息，其具体的数据来源于与之相对应的子状态
矿山地表 SAR 子状态类	管理区域范围内矿山地表对象的位置和形变信息，如地理坐标、形变值、形变梯度、形变轮廓、沉陷范围、生成时间等
矿山地表开采面子状态类	管理引起矿山地表产生形变的开采面信息，如推进速度、推进范围、开采方式和开采时间等

生成对应等级的地质事件，并且将生成的地质事件发送到开采沉陷的地质时空过程中，该时空过程又将此事件发送到影响区域内的矿山地表，矿山地表根据开采沉陷特征的约束规则和接收到的矿权范围对象信息，决定是否响应地下无证开采事件的驱动。基于 D-InSAR 开采沉陷特征无证开采识别模型主要地质对象和地质事件的交互作用如图 4-3 所示。

由交互图(图 4-3)可知，矿山地表对象在地表形变状态满足相应条件时才产生对应级别的事件，随着地下开采面在不断移动和推进，地质时空过程需不断地通知区域内矿山地表所发生的最新事件，矿山地表在接收 InSAR 技术获取的形变信息后，可用来提取开采沉陷特征和进行开采沉陷区的自动圈定，并生成开采沉陷事件。当矿权范围对象接收到开采沉陷事件后，判断其是否存在无证开采，并结合相邻时序的同一开

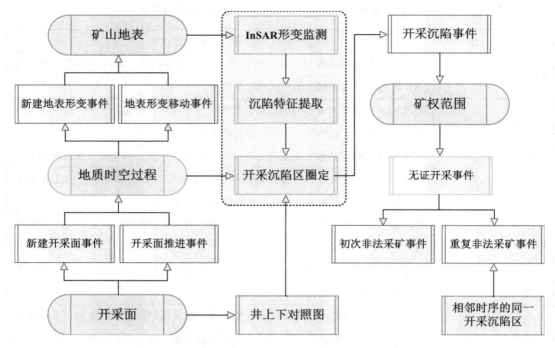

图 4-3　基于 D-InSAR 开采沉陷特征无证开采识别模型主要对象的交互图

采沉陷区，甄别出初次非法采矿事件和重复非法采矿事件；如果无证开采事件得以确认后，则对该事件进行预警预报响应。综上所述，在搭建的地下非法采矿识别平台上，要实现基于开采沉陷特征无证开采事件的快速识别，还需解决好 InSAR 矿区地表形变监测、沉陷特征提取和开采沉陷区圈定等关键问题。

4.2　矿区地表形变 D-InSAR 监测

由地下开采而引起地表形变是十分复杂的动态力学过程，对其演变规律的掌握依赖于实地观测资料的积累（Griffiths，2002）。常规的水准测量或 GPS 定位测量方法，监测到的是矿区地表单个离散点的形变信息，存在观测周期较长、地面观测点不足等方面的缺点，难以实现对较大区域范围的实时监测。尤其是对于地下无证非法采矿事件，它的具体位置是未知的，故很难利用常规的方法监测到由不确定地下采矿区引起的地表形变。作为一种全新的空间对地观测新技术，InSAR 技术发展迅猛，尤其是 D-InSAR 技术，在很多矿区地表沉降监测案例中都取得了较好的监测效果，且能监测到毫米级的矿区地表形变量。

D-InSAR 能很好地运用到区域地表形变测量中，但也受到轨道数据误差、大气延迟误差、相位噪声等因素的影响。为了解决在实际应用过程中这些因素对监测结果的影响，通过归纳地下开采引起地表沉陷的形变时空特征，笔者设计了一种时间序列 D-InSAR监测的技术方案，并对整个数据处理的流程、方法以及相关参数设置进行了精细化处理，以达到能动态获取地表形变空间分布特征的目的。

4.2.1 D-InSAR 精细化处理

地下煤层被采出后，上覆岩层和地表将产生移动和变形，利用 InSAR 技术来监测连续的地表移动与变形规律，可以掌握地下煤层的采动程度，从而识别出地下无证非法开采事件，但需要时间序列的 SAR 数据支持及选取合适的干涉测量方法。由地下采矿诱发矿区地表沉陷的 D-InSAR 基本原理见图 4-4。

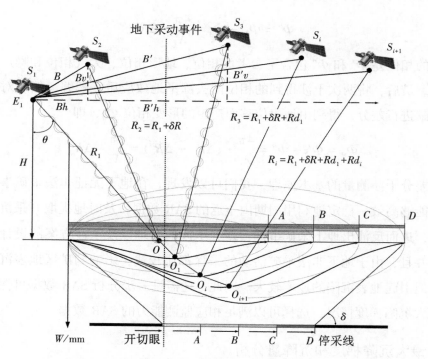

图 4-4 由地下开采引起的地表形变差分干涉测量的基本原理图

假设 S_1、S_2 为地下开采活动发生前雷达卫星的成像，$S_i(i=3,4,\cdots,n)$ 为地下开采活动发生后雷达卫星的依次成像，R_1、R_2 分别为地面点到雷达卫星的路径，λ 为雷达波长(Du et al.，2019)。

第一次雷达卫星成像时观测目标 O 的相位值为

$$\Phi_1 = \frac{4\pi}{\lambda} \cdot R_1 \tag{4-1}$$

第二次雷达卫星成像时观测目标 O 的相位值为

$$\Phi_2 = \frac{4\pi}{\lambda} \cdot R_2 \tag{4-2}$$

第三次雷达卫星成像时观测目标 O 的相位值为

$$\Phi_3 = \frac{4\pi}{\lambda} \cdot R_3 \tag{4-3}$$

前两次观测期间干涉测量的相位差为

$$\Phi' = \Phi_1 - \Phi_2 = \frac{4\pi}{\lambda} \cdot \Delta R' \tag{4-4}$$

采前采后两次观测期间干涉测量的相位差为

$$\Phi'' = \Phi_1 - \Phi_3 = \frac{4\pi}{\lambda} \cdot \Delta R'' \tag{4-5}$$

此时的相位差 Φ' 和 Φ'' 包含了参考面相位、地形相位、大气相位和噪声等因素的综合贡献。最后，将两次干涉得到的相位图去除平地效应后并解缠，然后对两次的地形相位贡献进行差分，得到由地表位移而产生的形变相位 Φ_d，即

$$\Phi_d = \Phi' - \Phi'' = \frac{4\pi}{\lambda} \cdot (\Delta R' - \Delta R'') = \frac{4\pi}{\lambda} \cdot \Delta R_d \tag{4-6}$$

根据差分干涉测量的基本原理，我们可以发现，在地下无证非法采矿事件发生之后，如何能够高效、稳定地利用周期内重返的 SAR 数据，及时地提取开采沉陷的动态演化规律，进而反演出地下采矿事件，差分干涉的处理以及干涉方案的设计就显得尤为必要。并且，由于地下非法采矿活动的采深都比较浅，影响到矿区地表沉陷区的范围较小，但引起地表沉陷的速率较大。因此，还需进一步分析 SAR 数据可探测到的沉陷量和最大沉陷梯度情况，选择可以满足相应监测能力的 SAR 数据。

4.2.2　最大沉降梯度和沉降量分析

Massonnet 和 Feigl(1998)的研究表明，InSAR 技术并不能监测到所有量级的形变，其可探测的最大形变梯度为

$$d_x = \frac{1}{2} \cdot \frac{\lambda}{ps} \tag{4-7}$$

式中，λ 为雷达入射波的波长；ps 为像元地距分辨率。假设矿区地表的沉陷相位信息是连续的，那么可探测到沿视线方向的最大沉陷量可表示为

$$\Delta R_{maxLOS} = \frac{\lambda}{4} \cdot \frac{r}{ps} \tag{4-8}$$

式中，r 为矿区地表移动盆地的主要影响半径。

针对目前常用的 SAR 卫星遥感数据，利用式(4-7)可计算出各卫星数据监测地面沉降的最大沉降梯度，利用式(4-8)可以计算出要检测到 1m 的地表沉陷相对的形变主要影响的半径大小，计算结果如表4-2所示。

表 4-2 常见卫星可探测最大形变梯度

SAR 卫星	ERS	TerraSAR	ALOS（PALSAR）	ENVISAT	JERS
分辨率(m)	20	3	10	24	18
波长(cm)	5.6	3.1	23.5	5.6	23.5
最大可探测梯度(mm/m)	1.4	5.16	11.75	1.16	6.5
每米形变对应的沉降漏斗半径(m)	1428.57	387.96	170.21	1714.28	307.69

从表4-2中可以看出，PALSAR 数据最大可探测梯度为 11.75mm/m，而 ERS 数据可探测的最大值为 1.4mm/m，若利用 ENVISAT 数据监测矿区地表沉陷，每米沉陷量需要对应 1714m 的沉降漏斗半径，而 PALSAR 数据只需对应 170m 的沉降漏斗半径。由此可见，相较于其他 SAR 卫星数据，PALSAR 数据在矿区大量级开采形变监测方面具有较大的优越性，可以监测到形变影响范围小、沉降梯度大的形变。因此，根据地下开采引起地表形变的特征，本次监测试验将选取 ALOS 卫星 PALSAR 数据。

4.2.3 D-InSAR 处理流程

差分干涉测量分为双轨法、三轨法和四轨法。三轨法需要的影像数目多，且对于影像对的要求也相对较高；四轨法处理要求两个像对各有一个主影像，需要两两配准，配准工作相对较难。

鉴于卫星传感器的重返周期及监测地下无证非法采矿事件的时效性，故采用了最简单、易行的双轨 D-InSAR 监测矿区地表形变信息，并从图像配准、基线参数计算、多视处理系数的选取等数据处理流程进行了精细化操作。如 SAR 图像的配准，通过不断调试窗口和寻求合适指标阈值，尽可能地提升配准精度。在对 SAR 图像进行多视处理时，要选择一个合适的多视系数，避免由多视处理造成 SAR 影像分辨率的下降以及影响到监测矿区地表最大沉陷梯度和沉陷量的能力。图 4-5 为本书所用双轨 D-InSAR 差分干涉数据处理流程。

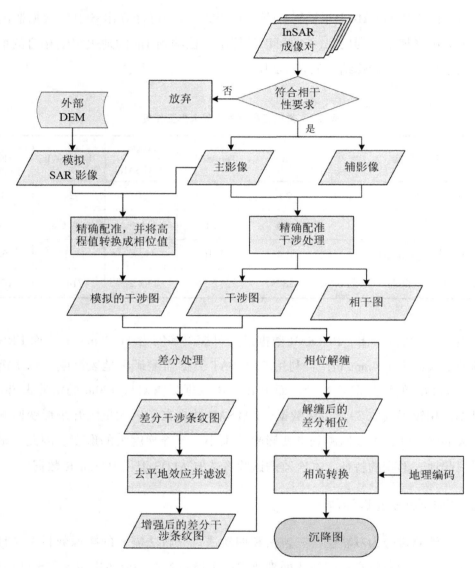

图 4-5　双轨 D-InSAR 差分干涉数据处理流程

4.2.4　差分干涉方案的设计

地下开采引起矿区地表的动态沉陷是一个时空演化现象。随着地下开采面的不断推进，地下开采面对应的岩层将会受到一定程度的破坏，进而波及矿区地表，使之产生移动和变形，根据矿区地表的沉陷和变形规律，可识别出地下无证非法采矿事件。为了能及时地监测出地下采矿事件，本研究设计了一种"时序相邻式"的双轨 D-InSAR 方案（见图 4-6），其基本思路为：假设时序 SAR 影像数据集 $\Phi = \{D, S_1, S_2, S_3, S_i, \cdots, S_n\}$，其中 $(i = 1, 2, 3, \cdots, n)$，D 为外部 DEM，S_1 和 S_2 为地下开采前的两景数据，其他的为地下开采后的时序数据。

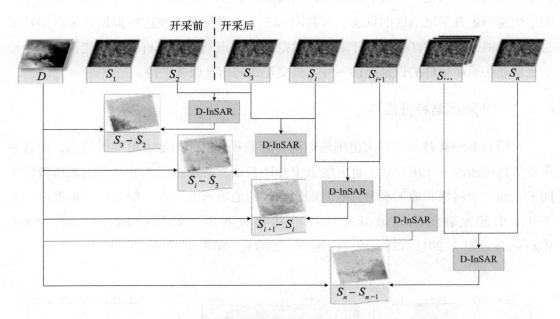

图 4-6 "时序相邻式"的双轨 D-InSAR 方案

"时序相邻式"双轨 D-InSAR 就是从采前相邻两景数据开始，利用已知 DEM 反演的干涉相位依次对相邻的两景数据的干涉结果进行二次差分处理，得到的是各相邻两景 SAR 影像期间的地表形变量，其表达式为

$$\Delta\varphi_{d_{\langle i,\, i+1 \rangle}} = \Delta\varphi_{d_{i+1}} - \Delta\varphi_{d_i} \tag{4-9}$$

且有

$$\Delta\varphi_{d_{\langle 2,\, n \rangle}} = \sum_{i=2}^{n} \left(\Delta\varphi_{d_{i+1}} - \Delta\varphi_{d_i} \right) \tag{4-10}$$

式中，i 为影像数据的编号。

由于该监测模式可实时地获取到任意相邻两景 SAR 数据间的开采沉陷形变量，并能够真实地反映相邻影像数据间微量的形变，有利于通过动态反演来识别采矿初期的地下开采事件。基于上述分析，故采用"时序相邻式"双轨 D-InSAR 数据处理的方案。

4.3　开采沉陷特征提取和沉陷区圈定

　　虽然 D-InSAR 技术在监测矿区地表沉陷方面发挥着重要的作用，然而要从覆盖范围较大的差分干涉图中快速、准确地识别出地表沉陷区域来说，仍具有一定的难度。基于这个问题，从地下开采引起地表开采沉陷的典型特征出发，研究一种从差分干涉图中快速圈定开采沉陷区的算法。再利用 GIS 工具模块来处理这些根据开采沉陷特征自动圈定的开采沉陷区，结合开采沉陷时空关系和识别平台分析统计功能，从而为地下无证非法采矿事件的识别提供一种人机交互式的信息服务支持。

4.3.1　开采沉陷特征提取

　　利用 D-InSAR 技术可以大范围地监测到地下开采引起的地表形变等信息，但这些形变信息可能源于非法开采，也可能源于合法开采，甚至可能为非开采因素所致。不同于石油、天然气和地下水等其他因素所导致的地表形变，在一幅差分干涉图中，地下开采引起地表沉陷区域具有一些唯其独有的典型特征（Chang et al.，2005；Migliaccio et al.，2011；刘玉成，庄艳华，2009），如图 4-7 所示。

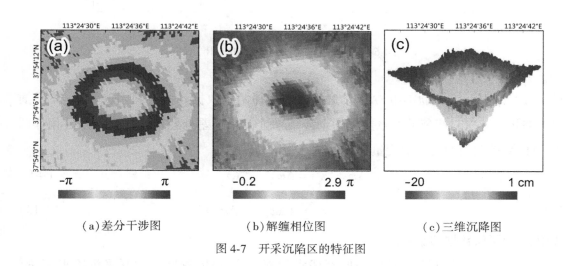

（a）差分干涉图　　　　　　（b）解缠相位图　　　　　　（c）三维沉降图

图 4-7　开采沉陷区的特征图

　　一个明显的空间特征是地下开采会引起相应的采矿活动区域上方出现地表下沉现象。如图 4-7(a) 所示就是采矿引起的地表下沉区域在差分干涉图中的显示特点，该区域边缘的颜色由蓝到红逐渐以不同颜色呈现，颜色的意义是用来区别不同的沉降值。最大的沉降量主要发生在采矿区域的地表中心，从中心到边缘下沉幅度逐渐减小，最

终在该区域表面形成一个空间漏斗。定义一个指向漏斗中心的径向矢量，即漏斗中各点的沉降量可以表示为

$$f_z(x_n, y_n) < f_z(x_m, y_m) < 0, \text{ 且} \frac{\mathrm{d}f_z(x, y)}{\mathrm{d}r} > 0 \qquad (4\text{-}11)$$

式中，$f_z(x, y)$ 是下沉区 z 的表达式；(x_n, y_n) 和 (x_m, y_m) 代表下沉范围内的点，但 (x_m, y_m) 离下沉中心更近。

第二个特征是由第一个特征推出的，明显的特点就是，由于地下开采引起的地表沉陷通常会出现一个沉降漏斗，所以沉陷中心应该是由四周的斜坡包围着的。这也意味着形变中心点的梯度绝对值大于没有形变的区域的梯度绝对值。另一方面，梯度方向大约呈现出由边缘指向沉降中心的反向扩展格局。关于梯度，二维梯度算子是个复杂的表达式，在此用来表达煤矿引起的地表沉陷情况。在梯度算子中，梯度的大小代表地表下沉的幅度信息，方向代表的是相位信息，公式如下：

$$\nabla f_z(x,y) = \frac{\dfrac{\partial f_z(x,y)}{\partial x}, \dfrac{\partial f_z(x,y)}{\partial y}}{} \qquad (4\text{-}12)$$

第三个特征就是地下开采引起的地表沉陷区域，在差分干涉图中一般是以典型的圆形或椭圆形的形状来呈现的。由于陆地表面一般被认为是弹性的，也意味着开采沉陷是由中心向外稳定传播的，因此，下沉边缘轮廓在雷达视线方向也可以看作一系列闭合的圆形。从数学上讲，这些圆可以近似为干涉图坐标系上的一组小椭圆，可以用下式来表示：

$$\frac{[(x - x_z)\cos\theta + (y - y_z)\sin\theta]^2}{a_z^2} + \frac{[(x - x_z)\sin\theta + (y - y_z)\cos\theta]^2}{b_z^2} = 1 \quad (4\text{-}13)$$

式中，$\sum(x_n, y_n) < \sum_t$，且 $n = 1, \cdots, N$；x 和 y 是在轮廓中分别沿着距离向和方位向上点的坐标；x_n 和 y_n 是椭球体的中心点坐标；a 和 b 分别是长半轴和短半轴；θ 为主轴上的倾角；$\sum(\cdot)$ 代表这是椭球体的大小，且都小于常数 $\sum_t$。

基于 D-InSAR 技术提取由地下开采引起地表沉陷的信息并总结其特征规律，可以更准确地获取地表沉陷范围和轮廓，且由于地表沉陷范围与地下开采范围存在对应的定量和时空关系。因此，通过掌握以上的对应关系，可自动圈定地表开采沉陷区域。

4.3.2 开采沉陷区圈定

基于从差分干涉图中提取出开采沉陷的空间、几何、形变三个典型特征作为划分准则，就可以得出一套从地表信息中自动圈定开采沉陷区域的算法模型，以实现从覆

盖范围大的区域中自动识别出地下开采引起的地表沉陷区域。

　　从差分干涉相位图中圈定地下采矿引起的地表沉降区域的算法模型共包含形变梯度计算、形变轮廓生成、开采沉陷区筛选三个模块，整个模型的具体细节和功能流程如图 4-8 所示。形变梯度是为计算出某周期内沉陷盆地横向移动的表征值，并揭示该周期沉陷盆地范围内的空间变化特征；形变轮廓生成模块的原理就是从梯度图中（而不是直接从解缠相位图中）捕捉形变区域的轮廓边界，由于梯度是一个相对值，它代表的是形变，也就是地表下沉量的大小情况，残余相位对它的影响微乎其微，所以从梯度图中求取形变区域的轮廓边界更合理；鉴于相对较大的梯度值不仅发生在地表沉

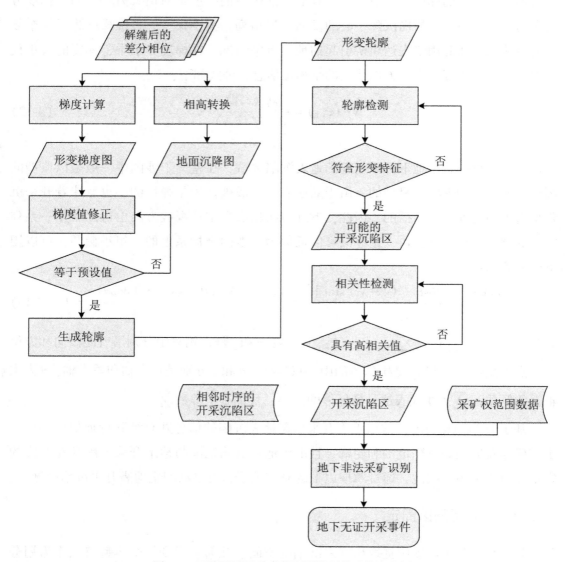

图 4-8　地下无证开采事件识别模型的功能流程图

降的区域，在地表凸起的区域也会出现同样的现象，因此，开采沉陷区筛选的第一步就是利用沉降梯度的向量值来判断地表的沉降区和凸起区，从开采沉陷区域中分离出地表凸起区，得到地表沉降区域。

考虑到开采沉陷并不是导致地表沉降的唯一因素，故还需根据地表的沉降形状和梯度两个参照对生成的地表沉降区域进行相关性检测（Hu et al.，2011），参照判定公式为

$$Cov_m = a \cdot Cov_{shape} + b \cdot Cov_{grad} \tag{4-14}$$

式中，Cov_{shape} 是形状因子；Cov_{grad} 是梯度因子；a、b 分别代表形状因子和梯度因子所占的权重。计算得到具有高相关值的区域就可以确定为开采沉陷区，再将这个区域和已有的地下开采的图形资料进行对照。

基于自动圈定出的开采沉陷区，就可以进行地下无证非法开采事件的快速识别，如图4-8所示。识别主要是通过掩膜处理来提取出采矿权边界以外的开采沉陷区，再对提取的开采沉陷区在空间范围和时间上进行分析，并识别出地下无证非法采矿事件。空间分析就是对相邻时序提取到的开采沉陷区进行图层分类存储，然后将各要素图层进行空间叠加分析，可生成包含原图层要素以及处理后新的图层要素，以此来掌握图层要素的变化情况并及时识别出新的非法采矿事件。分布变化统计是非法采矿分类统计的动态形式，可以反映区域范围内开采沉陷的整体发展变化。非法采矿点定位就是把开采沉陷区面要素转换成点要素，即从开采沉陷区中定位出地下非法采矿开切眼的坐标位置，并以图形或者坐标的形式输出，以便提高执法人员到实地查处非法事件的工作效率。

4.4 实例分析与验证

4.4.1 研究区数据处理

1. 研究区概况

阳泉市地处山西省中部东侧，太行山中段西侧，是一个典型的以煤炭产业为主的老工业城市，独特的地质环境条件使之形成了一条长约80km的煤层出露带，涉及盂县、平定和郊区的105个行政村。这些煤炭资源储藏量大、品位高、埋藏浅，加之2001年以来矿产资源市场持续高位运行，导致了无证非法采矿事件日益猖獗，但由于该地区煤层出露带长、分布面广、易开采，为政府打击和彻底取缔无证非法采矿带来

了很大难度。因此，为了验证地下无证非法采矿识别的时效性和可靠性，本研究选取山西省阳泉市郊区为主要研究区域（见图 4-9）。该区为阳泉市境内煤层分布区、煤炭开采区的主要储藏地，区境东西长约 33km，南北宽约 35km。

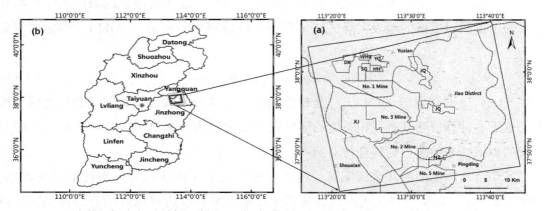

（a）中的红框为主要研究区范围，蓝框为采矿权边界研究区范围，黑线为县级界线；

（b）中的红框为研究区在山西省的地理位置，其中绿框为 PALSAR 数据框

图 4-9　研究区地理位置示意图

2. 数据选取和收集

实验选取的影像分别为 2008-01-01—2008-04-20 期间的 3 景 ALOS 卫星 PALSAR 数据。同时还收集了研究区域内 1∶5000 比例尺的地形图、25m 高分辨率的 DEM、遥感影像以及采矿权、矿井上下对照图、群众举报材料、历史查处的非法采矿情况等其他相关的数据资料；时空数据则采用支持地质时空过程动态表达的 GIS 数据模型来进行有效组织，并将它们存储到矿区地表形变时空数据库中集成管理。

3. 数据处理

数据处理采用的是上述的"时序相邻式"双轨 D-InSAR 方案，处理过程中的复图像对及其时间基线和垂直基线信息见表 4-3。

表 4-3　实验选取的 PALSAR 干涉对数据

编号	主影像	辅影像	轨道号	景号	极化方式	时间基线（d）	空间基线（m）
1	2008-01-01	2008-02-16	454	750	HH	46	860
2	2008-02-16	2008-04-20	454	750	HH	33	221

　　鉴于多视处理会降低影像的分辨率，会降低 InSAR 监测到的最大沉降梯度和沉降量，因而本研究在成像处理时采用 1：2 的多视处理。在进行双轨差分干涉处理过程中，首先对相邻的影像进行精确配准并做干涉处理，得到相干图和干涉图，再利用外部参考 DEM 进行差分干涉处理，消除干涉图中的平地效应并进行滤波处理后，可生成差分干涉图，然后对其进行解缠可得到相位图。

　　图 4-10 为 ALOS PALSAR 经双轨 D-InSAR 处理后得到研究区 2008 年 2 月 16 日至 2008 年 4 月 20 日的差分干涉和解缠相位图及相应的局部放大图，通过图形可以看出，干涉数据的保相能力较强，相位连续性和清晰度都较高，表明 L 波段 PALSAR 数据能够最大化地解决相位失相干问题，有效获取到沉陷梯度和沉陷量较大的矿区地表移动盆地。

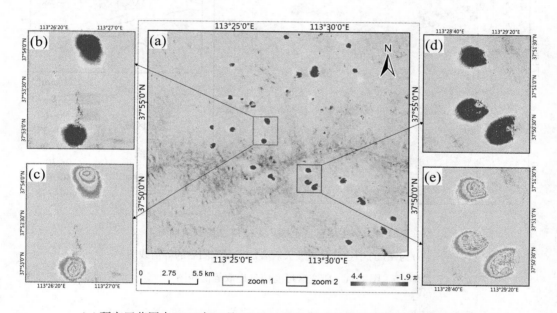

（a）研究区范围内 2008 年 2 月 16 日至 2008 年 4 月 20 日期间的解缠相位图；
（b）zoom 1 范围内放大后的解缠相位图；（c）zoom 1 范围内放大后的差分干涉图；
（d）zoom 2 范围内放大后的解缠相位图；（e）zoom 2 范围内放大后的差分干涉图
图 4-10　ALOS PALSAR 经双轨差分干涉处理后得到的差分干涉和解缠相位图及相应的局部放大图

4.4.2　地表沉陷信息提取

　　通过对解缠相位进行相位高度转换和地理编码后，即可得到研究区的地面形变图，借助沉降信息提取的功能模块可对地面沉降图进行操作处理，从而提取研究区不同时期的形变分布特征，掌握矿区地表形变情况。图 4-11 为提取主要矿区范围内 2008-01-01—2008-02-16 期间的形变等值线和形变分类结果，研究区内沉降量大于 60mm 和抬升大于 60mm 的区域基本上都位于采矿权界限范围内，且沉陷区域基本位于采空区的上方。如图 4-11(b)所示，通过调研得知该沉降区域的Ⅱ2308 工作面正处于回采阶段，回采时间分别为 2007 年 11 月 8 日和 2008 年 4 月 30 日，回采时间的长短正好与采空区地表的沉降量大小成正比，揭示了地表开采沉陷与地下采空区的时空关系。

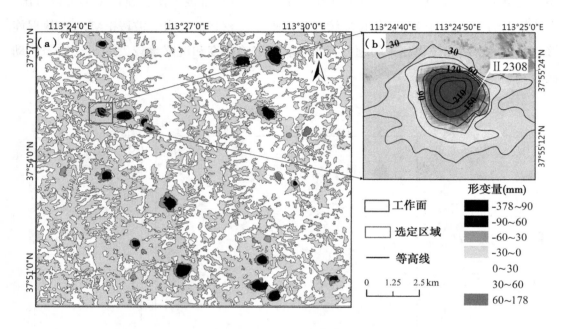

(a)研究区主要矿区范围内形变信息提取结果图；
(b)为图(a)中选定区域放大后叠加了沉降图后的等值线图
图 4-11　研究区形变信息提取等值线图

　　而对于如图 4-11(a)所示地表抬升量较大的红色区域，通过实地调研并结合当时的高分辨率遥感影像，查明该区域为采出煤矿的堆积处，随着地下煤矿的不断采出，地表堆积量也不断增加。而最大抬升量主要发生在采煤堆积处所对应的地表中心，从边缘到中心的抬升幅度逐渐增大，最终在该区域表面形成一个类似圆锥体状的堆积煤矿，初步解释了地表抬升的成因。

4.4.3　开采沉陷区圈定

　　在获取了研究区解缠后的地表形变差分干涉后，利用梯度计算模块，可以得到如

图 4-12 所示的 2008-01-01—2008-02-16 以及 2008-02-16—2008-04-20 干涉对的梯度量值和角度值。由于地表沉降区梯度的绝对值大于非沉降区梯度的绝对值，实验选取了梯度值为 0.25 的预设值来生成沉降区的边界轮廓，并以矢量数据集的格式来存储生成的边界轮廓。但生成的所有轮廓形状并不都能满足开采沉陷的几何特征。因此，还需利用开采沉陷区筛选模板从生成的轮廓中检测出开采沉陷区，模块执行的第一步就是从生成轮廓中提取出形状因子和梯度因子并作为参照对象，再对每一个可能的采煤沉陷区进行式(4-14)的参照相关性计算，并分别选取了 0.5、0.5 和 0.7 作为形状因子和梯度因子权重系数以及相关性阈值，相关值大于 0.7 的区域就可以确定为开采沉陷区，开采沉陷区圈定的结果如图 4-13 所示。

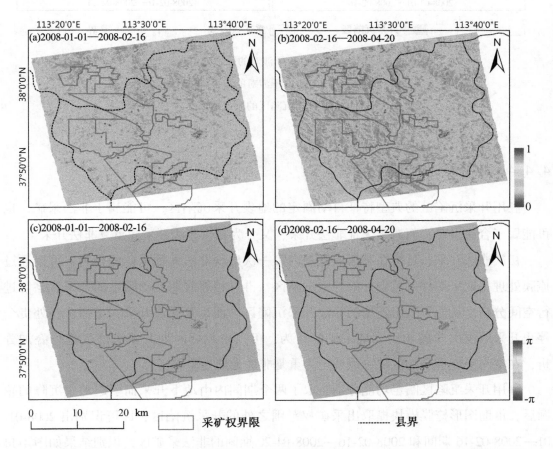

（a）2008-01-01—2008-02-16 干涉对的梯度量值；（b）2008-02-16—2008-04-20 干涉对的梯度量值；
（c）2008-01-01—2008-02-16 干涉对的梯度角度值；（d）2008-02-16—2008-04-20 干涉对的梯度角度值

图 4-12　梯度的量值和角度值

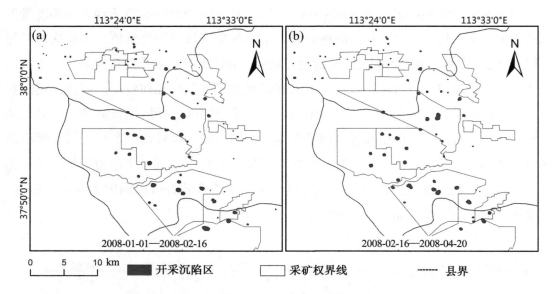

（a）2008-01-01—2008-02-16 干涉对的开采沉陷区圈定结果；

（b）2008-02-16—2008-04-20 干涉对的开采沉陷区圈定结果

图 4-13　开采沉陷区的圈定结果图

4.4.4　地下无证开采识别

利用开采沉陷区的典型特征自动圈定的地表开采沉陷区，可能属于非法采矿，也可能属于合法采矿；而对于无证非法开采，又分为初次非法开采和重复非法开采。

初次非法开采，是指在某区域范围内第一次出现非法无证采矿的行为，可以通过掩膜处理提取采矿许可范围外的开采沉陷区，再对相邻时期自动圈定的开采沉陷区进行空间分析，从而识别出新增的非法开采沉陷区。而重复非法开采，是指被查处责令停止开采后再次开展非法无证采矿的行为，可以对相邻时期开采沉陷区进行叠加分析，在空间上有重叠的区域可以认定为重复非法无证开采。

利用开采沉陷区圈定功能分别获取了两个期间内由地下开采而引起地表沉降的轮廓后，借助图形掩膜模块提取出采矿权范围之外的开采沉陷区，即可识别出 2008-01-01—2008-02-16 期间和 2008-02-16—2008-04-20 期间的非法采矿区，识别结果如图 4-14 所示。

然后再对获取到相邻时期的非法采矿数据进行空间叠加分析，能掌握该期间内的空间分布变化情况并识别出 2008-02-16—2008-04-20 期间的初次和重复地下非法开采事件，即用后期的数据跟前期的数据进行叠加分析后，在空间上相交的为重复非法开采事件，在空间上不相交的为初次非法开采事件，识别结果如图 4-15 所示。

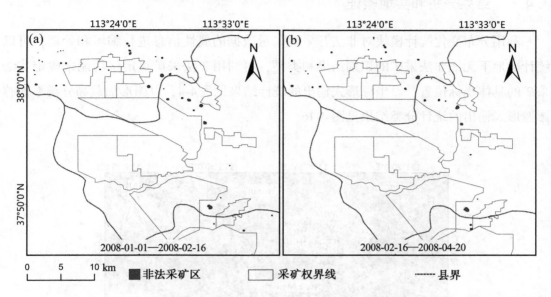

（a）2008-01-01—2008-02-16 期间的非法开采识别结果；

（b）2008-02-16—2008-04-20 期间的非法开采识别结果

图 4-14 地下无证非法开采识别结果图

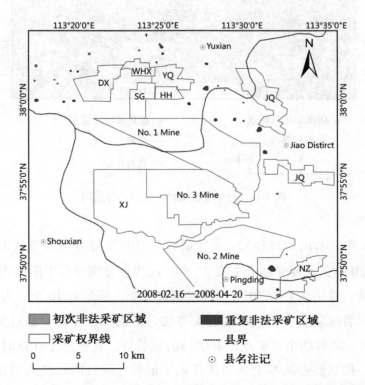

图 4-15 2008-02-16—2008-04-20 期间初次和重复地下非法开采事件识别结果图

4.4.5 结果分析和实地验证

利用分布变化统计模块对非法开采区矢量数据的属性信息进行编辑和处理，可以统计出地下无证非法采矿的识别结果和类型，再利用非法采矿点定位功能来确定非法采矿的具体坐标位置，以坐标形式输出的统计结果见表4-4，以图形加载高分辨率遥感影像形式输出的统计分类结果见图4-16。

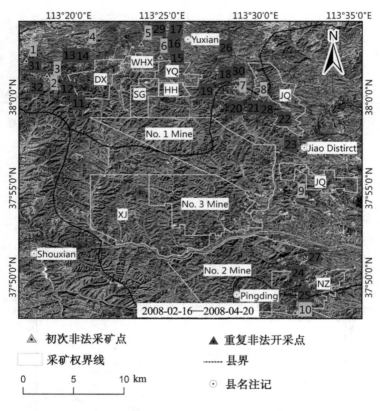

图 4-16 地下非法采矿点的统计分类图

根据表4-4和图4-16可以得知，本次研究共识别出32个无证非法采矿点，其中初次非法采矿点10个，重复非法开采点22个；这些点分别分布于阳泉市盂县、平定县和郊区三个区域，其中盂县有20个，平定县有2个，郊区有10个。为了验证识别结果的可靠性，笔者收集了当年该地区有关非法采矿的历史资料，通过资料对比得出，除了4、10、23、24号四个采矿点没有明确的记载外，其他点上在该时间段都有过非法采矿的现象，但这些点基本上是非法开采了很长一段时间后经人举报才被查处的。比如，2007年11月至2008年12月期间，犯罪嫌疑人刘某某伙同他人在自家住房内

（18号点处），采取洞采方式进行非法采矿，于2009年1月被人举报查处后停止了开采；同时被举报查处的还有19号非法采矿点。

表4-4 地下非法采矿点的坐标和类型

编号	中心经度(°)	中心纬度(°)	非法开采类型
1	113.29＊＊＊	38.03＊＊＊	初次非法采矿点
2	113.31＊＊＊	38.02＊＊＊	初次非法采矿点
3	113.31＊＊＊	38.01＊＊＊	初次非法采矿点
4	113.34＊＊＊	38.04＊＊＊	初次非法采矿点
5	113.39＊＊＊	38.04＊＊＊	初次非法采矿点
6	113.41＊＊＊	38.03＊＊＊	初次非法采矿点
7	113.48＊＊＊	38.01＊＊＊	初次非法采矿点
8	113.50＊＊＊	37.99＊＊＊	初次非法采矿点
9	113.53＊＊＊	37.90＊＊＊	初次非法采矿点
10	113.53＊＊＊	37.80＊＊＊	初次非法采矿点
11	113.33＊＊＊	37.99＊＊＊	重复非法采矿点
12	113.32＊＊＊	37.99＊＊＊	重复非法采矿点
13	113.33＊＊＊	38.02＊＊＊	重复非法采矿点
14	113.33＊＊＊	38.02＊＊＊	重复非法采矿点
15	113.42＊＊＊	38.04＊＊＊	重复非法采矿点
16	113.41＊＊＊	38.05＊＊＊	重复非法采矿点
17	113.42＊＊＊	38.05＊＊＊	重复非法采矿点
18	113.46＊＊＊	38.01＊＊＊	重复非法采矿点
19	113.44＊＊＊	37.99＊＊＊	重复非法采矿点
20	113.47＊＊＊	37.97＊＊＊	重复非法采矿点
21	113.49＊＊＊	37.98＊＊＊	重复非法采矿点
22	113.51＊＊＊	37.97＊＊＊	重复非法采矿点
23	113.52＊＊＊	37.94＊＊＊	重复非法采矿点
24	113.52＊＊＊	37.82＊＊＊	重复非法采矿点
25	113.53＊＊＊	37.80＊＊＊	重复非法采矿点
26	113.46＊＊＊	38.03＊＊＊	重复非法采矿点
27	113.54＊＊＊	37.84＊＊＊	重复非法采矿点
28	113.50＊＊＊	37.97＊＊＊	重复非法采矿点

续表

编号	中心经度(°)	中心纬度(°)	非法开采类型
29	113.40 * * *	38.06 * * *	重复非法采矿点
30	113.47 * * *	38.01 * * *	重复非法采矿点
31	113.29 * * *	38.01 * * *	重复非法采矿点
32	113.29 * * *	37.99 * * *	重复非法采矿点

考虑到地下开采后会在地面上留下活动遗迹，笔者根据从识别结果中提取出的经纬度坐标，通过手持 GPS 分别定位出 4、10、23、24 号四个采矿点来进行实地考察验证。通过定位 4 号点的经纬度坐标，在现场找到一个废墟的采矿口，该采矿口外围被铁丝网围住，从图 4-17(a)中可以看出，采矿口还有少量开采过程中遗留下的煤炭和矸石，且通往该处的路况非常差，并不适合车辆行驶，说明该处煤矿的开采量有限，为小煤窑非法开采的可能性较大。根据 10 号点的经纬度坐标，在南庄煤矿的西面发现了一个小山冈，如图 4-17(b)所示，山冈脚下有 10 多个采矿口，有些采矿口已被围墙堵住，旁边还种植了庄稼，路也非常难走，如果没有借助提取出的经纬度坐标，很难

图 4-17　现场拍摄已废弃采矿口和小煤窑的照片

发现这些采矿点。根据 23 号点的经纬度坐标,在现场没有发现采矿留下来的采矿口或小煤窑相关遗迹,这些遗迹可能已经被破坏,据当地村民反映,该处在 2008—2009 年期间发生过私自非法开采煤矿的事件,后被人举报被矿山执法部门查处。根据 24 号点的经纬度坐标,在二矿的东部找到一个位于山沟中废弃的小煤窑,它的四周被茂密的树林遮盖,通过图 4-17(c)可以看出,该煤窑在非法开采点中属于中型规模,其年开采量应有千吨级以上,故导致的地表沉陷范围也比较大。尽管该矿关闭时间较长,在山上还是可以发现明显的地表裂缝,如图 4-17(d)所示。

通过资料对比和实地调查验证了地下无证非法开采的识别结果与实际情况基本一致,具有较好的识别效果,且定位出的采矿点的位置较准确,与实际位置的差距一般小于 20m,表明本研究提出的方法是可行的,具有一定的实际应用价值。

4.5 本章小结

本章主要是基于 D-InSAR 差分干涉图中由地下开采引起的地表沉陷特征,研究了一套自动圈定开采沉陷区的算法模型,并结合动态 GIS 时空数据模型与集成 InSAR 和 GIS 技术的识别平台,实现较大区域范围内地下无证开采事件的自动识别。首先基于第 3 章构建的动态 GIS 时空数据概念模型,描述了基于开采沉陷特征无证非法开采识别模型的主要类及其相互关系,在此基础上,设计一种基于时序 D-InSAR 技术的监测方案,并对整个数据处理的流程、方案以及相关参数设置进行精细化处理。然后从地下无证非法开采识别要求出发,总结和分析基于 D-InSAR 技术获取到矿区地表差分干涉信息受地下开采的影响特征,以开采沉陷的典型特征作为准则,从矿区形变梯度计算、开采沉陷区轮廓生成和筛选、区域形状和梯度的相关性检测等方面,研究了从覆盖范围较大差分干涉图中快速、准确地圈定出地表沉陷区域的算法。最后选择山西省阳泉市郊区为实验对象,识别出该地区 2008 年 1 月至 2008 年 4 月期间的地下无证非法开采事件,同时将识别结果与该时段当地执法部门查处的非法采矿资料进行对比分析和实地调研。实验表明:本方法识别的结果与实际发生过的非法采矿情况基本一致,能够实时、动态地监测到引起地表较大形变量的地下无证非法开采事件。

第5章　融合 PS-InSAR 和光学遥感的地下无证开采识别

第4章介绍的地下无证开采识别方法，主要是基于 D-InSAR 差分干涉图提取出由地下开采引起地表的开采沉陷特征，并以沉陷特征为划分准则，进行地下无证开采的识别。但当地下开采量较小，在地面上还不足以形成明显的开采沉陷特征时，将无法在差分干涉图中提取出这些特征，使得该方法无法准确识别出地下无证开采事件。但是，通过调研发现，为了躲避执法人员的检查，部分非法分子不惜一切代价，在自建民房内私自开挖煤矿，盗采手段十分隐蔽，从外看是一座民宅大院，进到屋内就是一个民居环境，极具欺骗性。鉴于这些非法事件开采的都是浅层煤炭资源，且地面上的房屋在较长时间序列中能够保持较强且稳定的雷达散射特性。因此，联合 PS-InSAR 技术和高分光学遥感，提取由地下开采引起地面建筑物的微小沉陷信息，并分析其时空发育特征，则能为地下无证开采事件的早期识别、重点监测和有效防控提供可能。

本章根据地下非法开采的方式以及矿山地表建筑物的沉陷时空特征，提出一种结合 PS-InSAR 技术和高分辨率光学遥感来识别地下无证开采事件的方法。首先在描述和构建地表建筑物沉陷特征提取模型的主要类及其相互关系的基础上，详细介绍联合 PS-InSAR 和光学遥感提取地表建筑物沉陷信息的基础原理，然后通过对提取的建筑物沉陷信息进行形变时空特征分析，提出一种从覆盖范围较大的建筑物（居民地）沉陷信息中快速、准确地探测出疑似非法开采点的算法。最后通过实例分析验证了该方法的可靠性和适用性，并对其识别精度进行评价。

5.1　矿山地表与传感器对象动态关系构建

为了提取出区域范围内矿山地表建筑物的轮廓矢量和沉陷信息，并对其沉陷时空特征进行建模、分析与应用，故将矿山地表抽象为地质对象，用于提取地表建筑物轮廓矢量的高分辨率光学卫星传感器和获取矿山地表沉陷信息的星载 SAR 传感器分别抽象成相应的图层对象，如图 5-1 所示。星载 SAR 传感器观测到地表的沉陷信息以及地

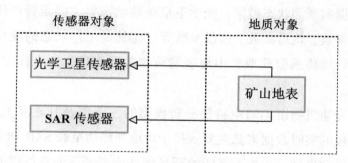

图 5-1 地质对象与传感器对象的抽象

表建筑物的空间分布情况都作为矿山地表对象的状态。

根据第 3 章提出的支持地质时空过程动态表达的 GIS 数据模型，可将本次实例中的星载 SAR 传感器、光学卫星传感器、矿山地表以及它们的状态信息抽象成相应的类，并构成矿山地表建筑物沉陷时空特征分析模型，如图 5-2 所示。

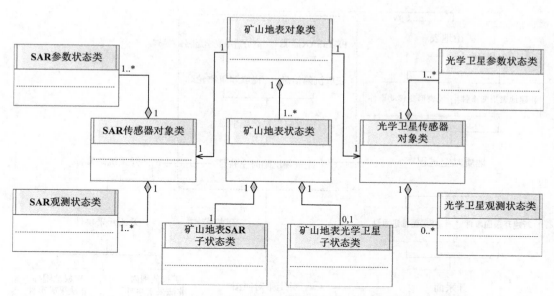

图 5-2 矿山地表建筑物沉陷时空特征分析模型的主要类及其相互关系

对矿山地表建筑物沉陷时空特征分析模型中 SAR 传感器对象类、SAR 参数状态类、SAR 观测状态类以及矿山地表对象类、矿山地表状态类、矿山地表 SAR 子状态类的具体说明列举见表 4-1。而矿山地表光学卫星子状态类主要是管理矿山地表建筑物的位置和形状信息，如地理坐标、轮廓矢量、生成时间等；光学卫星传感器对象类主要是管理传感器自身的特征，如工作模式、发射日期、承载平台等，并接受光学卫星传感器参数状态数据和观测状态数据；光学卫星参数状态类主要是管理传感器自身参数的变化，如数据参数、轨道参数、谱段参数等，尤其是工作状态的变化；光学卫星观测状态类主要是管理传感器获取矿山地表建筑物要素信息，如坐标位置、轮廓形状、获取时间等。

　　根据矿山地表建筑物沉陷时空特征分析模型的主要类及其相互关系，可以得出，矿山开采时空过程的实时数据来源主要依赖于对地观测的星载 SAR 和光学卫星传感器以及建筑物地下采动事件；当地下有新的开采事件或者开采面在推进时，开采面对象则会根据地下开采位置和范围，生成对应等级的地质事件，并且将生成的地质事件发送到开采沉陷的地质时空过程中。该时空过程又将此事件发送到影响区域内的矿山地表建筑物，再通过分析矿山地表建筑物的沉陷时空特征，决定是否响应地下无证开采事件的驱动。融合光学遥感和 PS-InSAR 技术的无证开采识别模型主要地质对象和事件的交互作用如图 5-3 所示。

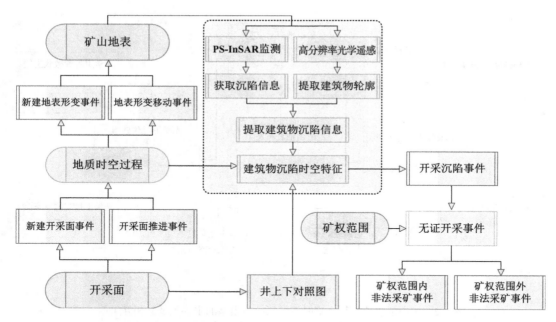

图 5-3　融合光学遥感和 PS-InSAR 技术的无证开采识别模型主要对象的交互图

　　由交互图(图 5-3)可知，矿山地表对象在地表形变状态满足相应条件时才产生对应级别的事件，随着地下采动事件不断推进，地质时空过程须不断地通知区域内矿山地表所发生的最新事件，矿山地表通过接收到高分辨率光学传感器提取的建筑物轮廓后，结合 PS-InSAR 技术获取的地表沉陷信息，可用来提取矿山地表建筑物的沉陷信息，再通过分析建筑物沉陷时空特征来生成开采沉陷事件，并判断其是否存在无证开采。如果无证开采事件得以确认后，则对该事件进行预警预报响应。当矿权范围对象接收到无证开采事件后，结合空间位置关系，可进一步甄别出矿权范围内和范围外的非法采矿事件。

综上所述，在搭建的地下非法采矿识别平台上，要实现融合光学遥感和 PS-InSAR 技术地下无证开采事件的快速识别，还需解决 PS-InSAR 矿区地表形变监测、建筑物沉陷信息提取和沉陷时空特征分析等问题。

5.2 联合 PS-InSAR 和光学遥感影像提取地表建筑物的沉陷信息

光学遥感影像和雷达遥感影像是当今测绘领域应用较为广泛的两种数据源，其成像机理和图像模式如图 5-4 所示。卫星光学遥感影像因其属于无源系统，需要外部照明，具有时效性好、保证无云工作条件和高精度地表实拍图像等成像特点，已成为建筑物信息提取与更新的一种重要技术手段。而雷达遥感影像因其属于有源系统，不需要外部照明，具有全气候，能穿透云、雨、干砂和部分植被的特点，可进行高精度的地表形变测量，且对于光学遥感影像的应用具有较好的互补性。

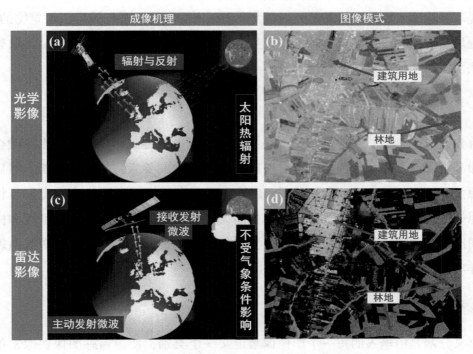

图 5-4　光学影像和雷达影像的成像机理和图像模式

因此，针对高分辨率光学卫星影像中的典型地物要素特征，以较大范围矿区地表建筑物(居民地)为主要研究对象，实现遥感图像建筑物(居民地)自动、快速和准确提取。然后利用 PS-InSAR 技术对重复轨道观测获取的多时相雷达遥感影像进行处理，集中提取出研究区域具有稳定散射特性的 PS 目标，通过分析各 PS 目标的时序相位信号并解算出它们的形变值，再结合利用光学遥感影像提取出的建筑物轮廓，可获取研究区域地表建筑物的形变平均速率和时间序列形变信息。

5.2.1　基于光学遥感影像的矿区建筑物要素提取

矿区地表建筑物(居民地)是人民生产生活的重要场所，但部分盗取国家矿产资源的非法分子为了躲避矿山执法人员的检查，竟然在自建民房内开凿井口到地下开挖煤矿，不仅损害了国家的利益，还造成一系列的安全事故隐患。本节研究如何快速提取矿区地表建筑物，并掌握其沉陷特征和分布现状等信息，为相关部门快速查处地下非法采矿事件提供科学依据。因此，为了提升提取矿区地表建筑物专题要素的质量和效率，满足地下非法开采高效识别的需要，本小节针对光学遥感影像中的典型地物要素，以矿区地表建筑物为主要研究对象，基于深度卷积特征提取像素级建筑物要素。

基于光学遥感影像的深度卷积特征提取建筑物的技术流程如图 5-5 所示。首先，对光学遥感影像数据进行预处理操作，然后对图像中地物要素进行特性分析并构建建筑物提取样本库；其次，从语义分割角度利用深度卷积特征进行像素级建筑物的提取，并对提取出的地物进行网络推理和平滑处理。下面介绍利用深度卷积特征提取建筑物的方法。

1. 构建样本库

首先，对光学遥感影像进行大气正射校正、辐射定标、影像配准、影像融合、图像去噪和增强等数据预处理后，再对矿区地表居民地的要素特征进行分析；然后，联合开源公开地图(Open Street Map，OSM)等矢量信息数据，利用轮廓匹配和互相关处理对原始矢量信息进行纠正，并消除其样品误差，以确保样本数据的完整性和标签数据的精准性。利用该构建方法，再结合公开的网络数据资源，便可制备矿区地表建筑物的样本库。

2. 建立语义分割 SegNet 模型

语义分割是给输入的每一个影像像素定义一个类别，使得遥感图像在像素单元上进行分类，拥有同类特征的像素将被归为同一个类别，以得到像素化的密集分类。因

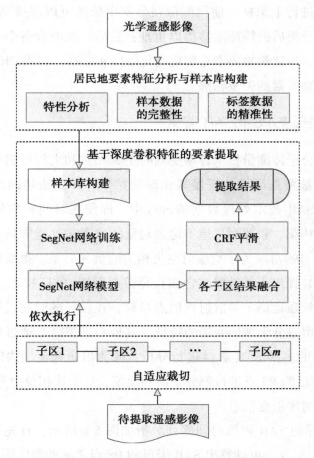

图 5-5　基于深度卷积特征的建筑物要素提取

此，语义分割是以像素为基本单元来理解和学习遥感图像的。而 SegNet 模型的主要优点在于采用上采样来解码较低分辨率的特征图，故能消除学习上需要采样的过程，且由于经过上采样后生成的特征图是较为稀疏的，再利用卷积核开展卷积处理，便可得到比较密集的特征图（Badrinarayanan et al.，2019）。因此，根据矿区居民地样本库，针对高分辨率的遥感影像，首先进行 SegNet 网络训练，将编码器学习到的可判别特征从语义上映射到像素空间，然后再建立 SegNet 网络模型，并以此来提取矿区地表的建筑物要素。

3. 提取建筑物要素轮廓

将经过预处理后的待提取遥感影像进行自适应裁切，并把切成子区的遥感图像传给深度模型，通过 SegNet 网络模型依次对各子区的像素进行分类，即先利用卷积提取高维特征，通过池化使图片变小，以获得密集分类；然后，在解码器中做反卷积，利用去池化对特征图进行上采样，使得图像在分割中依然可以保持高频细节的完整性，并保证各子区图像分类后的特征能够得以重现；最后，在融合各个子区的特征提取结果的基础上，通过分析建筑物要素轮廓规则化条件和原则，利用 CRF 平滑的方法提取出遥感影像中建筑物要素的矢量轮廓。

5.2.2　矿区地表形变 PS-InSAR 监测

由于常规的差分干涉测量技术容易受到时空失相关和大气延迟等因素的影响，从而导致难以探测植被覆盖区域的缓慢累积形变结果，并无法精确地获取地表形变信息。但是在利用 InSAR 技术处理数据的过程中，即使在时间和空间基线较大的情况下，SAR 影像中的桥梁、铁路和房屋等地表对象的像素还是能够具有一定的时空相关性（Hanssen，Usai，1997）。为了克服时空失相关的负面后果，提高监测地表形变的准确性，Ferretti（2000）提出永久散射体合成孔径雷达干涉（PSI）技术。即对于 SAR 影像中能对雷达波保持较强且稳定的散射性的点目标，在较长的时间尺度下，也能保持较好的相干性，并保留差分干涉形变场的特征。其核心思想就是通过对获取到同一研究区域某一时间段内的多幅 SAR 影像进行分析，探测出研究范围内时空相关性较高的 PS 点，然后对探测出的 PS 点进行差分干涉和建模，从干涉相位中分离出各信号分量，最终提取出相应的时序形变信息。

基于 PS 点目标的 SAR 影像时间序列分析如图 5-6 所示，首先通过单次观测，获取地表 PS 点的反射信息，可计算出 SAR 卫星和 PS 点之间的空间距离。如果雷达重复观测期间地面 PS 点发生了形变，则可对同一个范围进行反复对地观测，根据两次观

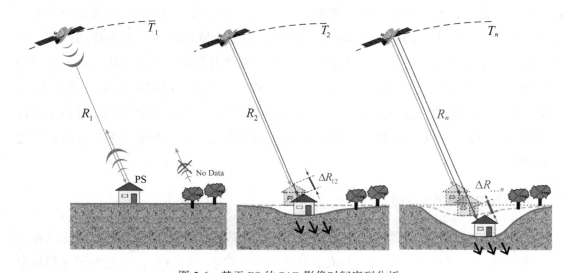

图 5-6　基于 PS 的 SAR 影像时间序列分析

测期间的移动变形量来测量出地表 PS 点目标的形变信息。因此，对多时相 SAR 数据进行处理和分析的关键就在于被探测出的具有稳定雷达波散射特性和高相干性的 PS 目标上。

但在实际应用中，一个地表目标能否被成功地识别出来，主要受到地表目标自身的稳定性及其湿度和介电常数等因素的影响。对于 PS 点目标的探测，常用的方法有振幅离差指数阈值法、相位离差阈值法以及双重阈值法等(Yan et al.，2007)。即对于获取到研究区域范围内的 M 幅 SAR 影像，在进行差分处理后，可得到 $M-1$ 幅差分干涉影像对。而对于影像中的某个分辨单位，在 SAR 影像序列中的振幅均值(m_A)和振幅离差指数(D_A)可分别表示为

$$
\begin{cases}
m_A = \dfrac{\sum_{i=1}^{M} m_i}{K+1} \\
D_A = \dfrac{\sigma_A}{m_A}
\end{cases}
\tag{5-1}
$$

式中，m_i 为该像元在第 i 幅影像中的振幅值；σ_A 为时序振幅标准差。对于高信噪比目标，可用振幅离差指数来等价衡量其相位噪声水平，故当在高信噪比上的像元满足式(5-1)的条件时，便可认定该像元为 PS 目标，即

$$
\begin{cases}
m_A \geqslant \bar{A} + \sigma_A \\
D_A \leqslant T_{D_A}
\end{cases}
\tag{5-2}
$$

式中，$\bar{A}$ 为平均振幅图像的平均振幅值；T_{D_A} 为振幅离差指数阈值。当满足条件 $m_A \geqslant \bar{A} + \sigma_A$ 时，表明振幅均值高的分辨单元具有更高的相干性；而当离差指数阈值小于给定的阈值时，表明分辨单元的振幅离差指数越小，即目标点就越稳定。本书对 PS 目标的探测主要采用振幅离差指数阈值法。

根据探测到的 PS 目标及其差分干涉相位时间序列，可构建合理的相位模型，计算出 PS 目标的形变分量和误差分量，得到残余相位，再通过时空滤波估计并剔除差分干涉相位中的大气相位值和残余地形相位，最终可获取地表 PS 目标数据集的形变探测结果。

5.2.3 矿区地表建筑物形变信息的提取

在 SAR 影像中，由于岩石、路灯、混凝土堤坝、桥梁和房屋等地物在长时间序列中能对雷达波保持较强且稳定的后向散射，均有可能被探测为 PS 目标，故通过 PS-

InSAR 技术获取到地表 PS 目标数据集上的形变信息不仅包含房屋等建筑物，还包含桥梁和岩石等其他散射体。因此，为了达到根据地表建筑物的沉陷信息来探测地下非法采矿事件的目的，首先需实现从研究区域地表 PS 目标数据集上分离出房屋（建筑物）目标的形变信息。

矿区地表建筑物形变信息的提取方法如图 5-7 所示，即基于高分辨率光学卫星影像，通过对房屋的几何和光谱特征进行分析，准确提取出研究区域的建筑物轮廓，在此基础上，再利用 PS-InSAR 技术，获取研究区域范围内地表 PS 目标数据集的形变信息。然后，将同研究区域提取出的建筑物轮廓和获取到 PS 目标数据集的形变信息在空间上进行叠置分析，便可提取出每栋建筑物内的 PS 点集。再通过提取出的时序 PS 点集对各个建筑物的形变差值、形变梯度和累积形变量进行时空特征分析，筛查出存在异常形变的建筑物，可为地下非法采矿的快速识别提供技术支持。

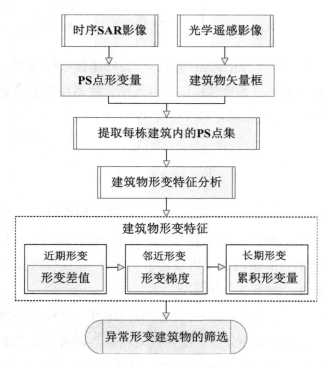

图 5-7　矿区地表建筑物形变信息的提取

5.3　基于建筑物沉陷时空特征的地下无证开采识别方法

在一个邻近范围内的建筑物 PS 点集中，由地下开采引起地表建筑物沉陷的 PS 点具有特定的异常形变特征，总结这些形变特征将有助于从较大范围的 PS 点集中自动筛选出由地下开采引起建筑物沉陷的 PS 点，从而达到从覆盖范围较大的建筑物(房屋)沉陷信息中快速、准确地探测出疑似地下非法开采点的目的。即在设定一定距离范围内的邻近点集中，这些异常形变建筑物 PS 点的时空特征主要表现为以下三点：一是在短时间监测中，异常形变建筑物 PS 点前后两次沉降量的差值相对较大，即沉降速率也将更大；二是相较于正常建筑物形变点，异常形变建筑物 PS 点的平均梯度变化率相对较大；三是针对较长时间的监测，异常形变建筑物 PS 点的累积形变量相对较大。

基于以上三点特征，本研究主要采用逐步渐进的方式进行异常形变建筑物 PS 点探测，方法流程图如图 5-8 所示。该方法首先通过计算短时间监测中各个 PS 点前后两次的沉降量，将沉降量相对较大的 PS 点作为异常 PS 点候选点集。进而遍历候选点集中的各个 PS 点，计算各个点的梯度变化率，将变化率较小的 PS 点从异常候选点集中剔除。最后，计算候选点集中各个点的累积沉降变化量，将变化量较大的点确定为异常形变建筑物 PS 点。

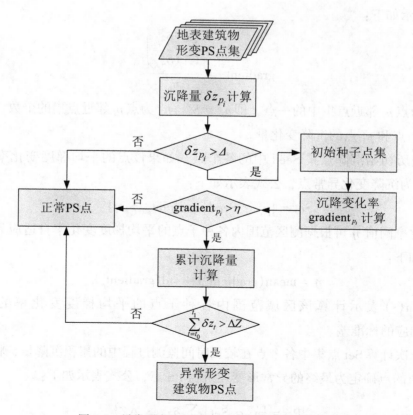

图 5-8　异常形变建筑物 PS 点探测的方法流程图

即假设研究区域范围内有 n 个建筑物 PS 点 p_i，$i = 1$，2，$\cdots$，n，要从中找出 m 个沉陷较为异常或明显的特征点，其具体步骤如下：

（1）计算前后两次各个点沉降量的差值，即

$$\delta z_{p_i} = z_{p_i}^{t_1} - z_{p_i}^{t_2}, \quad i = 1, 2, \cdots, n \tag{5-3}$$

（2）获取初始沉降种子点集：

$$\text{Seed} = \{ p_i \in S \,|\, \delta z_{p_i} \geq \Delta, \ i = 1, 2, \cdots, n \} \tag{5-4}$$

式中，S 为 n 个点的集合；Δ 为沉降阈值，在本书中设置为一常量。

（3）依次遍历初始沉降点集 Seed 中的各个点，获取各点在距离 d 范围内的邻近点集，公式表示如下：

$$S^{p_i} = \left\{ p_k \in S \,\middle|\, \text{sqrt}\left[(x_{p_k} - x_{p_i})^2 + (y_{p_k} - y_{p_i})^2 \right] \leq d, \ p_i \in \text{Seed}, \begin{array}{l} i = 1, 2, \cdots, m \\ k = 1, 2, \cdots, n \end{array} \right\} \tag{5-5}$$

式中，S^{p_i} 为 p_i 点的邻近点集；(x_{p_i}, y_{p_i}) 为 p_i 点 x、y 方向的坐标；x_{p_k}，y_{p_k} 为点 p_i 邻近点集中的一点在 x，y 方向的坐标；m 为种子点集的个数。

（4）计算初始沉降点集 Seed 中的各个点平均梯度变化率 gradient_{p_i}，$i = 1$，2，$\cdots$，m，公式表示如下：

$$\text{gradient}_{p_i} = \frac{\sum_{k=1}^{n_{p_i}} \left(\dfrac{\delta z_{p_i}}{\delta z_{p_k}} \right)}{n_{p_i}} \tag{5-6}$$

式中，p_k 为点 p_i 邻近点集中的一点，即 $p_k \in S^{p_i}$。n_{p_i} 为点 p_i 邻近点集的个数。δz_{p_i} 和 δz_{p_k} 分别表示 p_i 点和 p_k 点的沉降变化量。

（5）遍历初始沉降点集 Seed 中的各个点，如果该点的平均梯度变化率大于阈值 η，则该点为沉降变化异常点，公式表示如下：

$$\text{Set} = \{ p_i \in \text{Seed} \,|\, \text{gradient}_{p_i} > \eta \} \tag{5-7}$$

式中，变化率阈值 η 可根据测区范围内各种子点的平均梯度变化率自适应计算出来，具体计算如下：

$$\eta = \text{mean}(\text{gradient}_p) + \text{std}(\text{gradient}_p) \tag{5-8}$$

式中，$\text{mean}(\cdot)$ 表示计算该区域范围内各种子点的平均梯度变化率的平均值；$\text{std}(\cdot)$ 为相应的标准差。

（6）依次计算 Set 点集中各个点在较长时间监测过程中的累积沉降量，将累积沉降量大于阈值的点确定为最终的异常形变建筑物 PS 点，公式表示如下：

$$\text{PS} = \left\{ p_i \in \text{Set} \,\middle|\, \sum_{t=t_0}^{t_1} \delta z_{p_i} > \Delta Z \right\} \tag{5-9}$$

式中，(t_0, t_1) 为监测时间区间；ΔZ 为累积沉降量变化阈值。

因此，基于光学遥感影像和 PS-InSAR 技术提取出的地表建筑物形变 PS 点集，通过总结其沉陷时空特征规律，可以从建筑物 PS 点集中更准确地筛选出异常形变的 PS 点。而由于地表建筑物异常形变与在其地下开采活动又存在一定的空间对应关系，故通过结合建筑物 PS 点的形变特征和在其下方采空区的空间关系，可进一步识别出地下无证非法开采事件。

5.4 实例分析与验证

5.4.1 研究区与数据源

1. 研究区概况

山西省的矿产资源丰富、分布广、煤层厚，是我国重要的煤炭生产基地。据统计，累计查明山西省煤炭资源量约占全国煤炭资源总量的 1/3，其煤炭资源约占山西国土面积的 39.6%（刘士余等，2006）。阳泉市位于山西省沁水煤田的东北方向，是全国最大的无烟煤生产基地（谢海，2007；张文军，张志宏，2007；廖程浩，2009）。由于具有地质构造简单、易开采、埋藏浅和开采成本低等特性，使得当地私挖滥采现象泛滥。尽管当地政府每年都会开展严厉打击非法采矿专项行动，详细排查各类非法采矿行为，特别是非法洞采行为，但非法违法采矿现象仍时有发生。如 2011 年至 2012 年期间，非法采矿分子组织人员利用电镐等工具，以洞采的方式在阳泉市郊区前庄村的一个居民院内盗采煤炭资源，采出 100 多吨煤炭，但非法采煤造成煤炭资源破坏可采总量为 3000 余吨，破坏煤炭资源价值高达 116 万余元。2012 年至 2013 年期间，非法采矿分子在阳泉市郊区大阳泉村的居民房屋内，同样以洞采的方式盗采了 600 余吨煤炭资源（魏振泽，2016）。因此，为了验证联合 PS-InSAR 技术和高分辨率光学遥感影像来识别此类地下无证非法采矿事件的时效性和可靠性，本次实例分析选取了山西省阳泉市郊区河底镇山底村为主要研究区域（见图 5-9）。

2. PALSAR 数据

阳泉境内地形复杂、气候多变，地表植被覆盖种类丰富，乔灌草齐全，且受季节影响严重，易造成干涉图失相干现象。因此，在对阳泉地区非法采矿识别的实际应用中，首先得满足对矿区地表形变的高精度观测需求，而雷达影像数据的波长、地面分

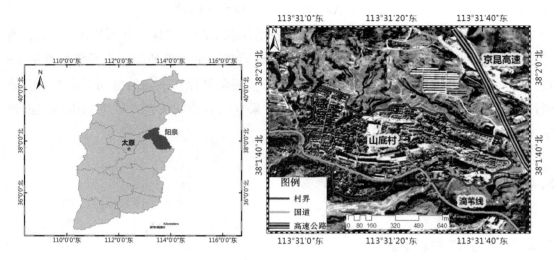

图 5-9　主要研究区概况图

辨率等参数将会影响其监测矿区地表沉陷信息的精度和能力，故选取合适的 SAR 数据源就显得至关重要。在常规星载 SAR 卫星当中，L 波段的 PALSAR 卫星数据由于波长较长，且空间分辨率为 10m，具有较强的保相能力，能够更好地降低失相干和相位不连续性的影响。

鉴于 ALOS 卫星 PALSAR 数据具有穿透力较强、大范围空间覆盖的优势，本次选取 2006 年 12 月 1 日至 2011 年 5 月 6 日期间获取的 20 景 PALSAR 数据研究阳泉境内矿区地表的沉降信息。研究区各景数据的成像模式和极化方式等具体参数信息见表 5-1。

表 5-1　PALSAR 数据参数信息

序列号	成像日期	观测模式	极化方式	轨道号
1	2006-12-29	FBS	HH	454
2	2007-02-13	FBS	HH	454
3	2007-07-01	FBS	HH	454
4	2007-08-16	FBD	HH	454
5	2007-10-01	FBD	HH	454
6	2008-01-01	FBS	HH	454
7	2008-02-16	FBS	HH	454
8	2008-04-02	FBS	HH	454
9	2008-05-18	FBD	HH	454
10	2008-07-03	FBD	HH	454
11	2009-01-03	FBS	HH	454

序列号	成像日期	观测模式	极化方式	轨道号
12	2009-02-18	FBS	HH	454
13	2009-07-06	FBD	HH	454
14	2009-08-21	FBD	HH	454
15	2009-10-06	FBD	HH	454
16	2010-01-06	FBS	HH	454
17	2010-04-08	FBS	HH	454
18	2010-07-09	FBD	HH	454
19	2010-10-09	FBD	HH	454
20	2011-01-09	FBS	HH	454

3. 光学遥感影像

为了从研究区地表 PS 目标数据集上分离出建筑物（居民地）目标的形变信息，本研究获取了存档的陕西省阳泉地区 2008 年 9 月 20 日的 QuickBird-02 和 2010 年 10 月 11 日 WorldView-02 的高分辨率数据来提取出矿区地表上的建筑物矢量轮廓，其数据参数分别如表 5-2 和表 5-3 所示。

表 5-2 QuickBird-02 影像数据参数

数据	波段	波段宽度（nm）	空间分辨率（m）
QuickBird-02 （2008 年）	蓝波段	450~520	2.4（全色 0.61）
	绿波段	529~600	
	红波段	630~690	
	近红外波段（NIR）	760~900	

表 5-3 WorldView-02 影像数据参数

数据	波段	波段宽度（nm）	空间分辨率（m）
WorldView-02 （2010 年）	蓝波段	450~510	1.8（全色 0.5）
	绿波段	510~580	
	红波段	630~690	
	近红外波段（NIR）	770~895	

4. DEM 数据

SRTM 数据包括多种格式和不同精度，有 30m、90m 和 900m 等不同分辨率的数据（Hennig et al.，2001）。为了保证实验数据的空间分辨率，降低外部 DEM 数据对结果引入的误差，本次实验选取了 30m 空间分辨率的外部 SRTM DEM 数据进行 PALSAR 影像的干涉处理和移除地形相位。同时，鉴于多视处理会降低影像数据的空间分辨率，故在 PALSAR 卫星数据成像处理时采用 1：2 的多视系数。

5.4.2　PS-InSAR 获取沉降信息

采用永久散射体合成孔径雷达干涉测量方法来监测研究区居民地形变信息，选取了成像日期为 2009-01-03 的 SAR 影像作为公共主影像，形成 20 对干涉对，其中最短的时间基线 46d，最短的干涉对空间基线 109m，数据的基线长度等详细信息见表 5-4。

表 5-4　干涉相对组合

ID	主影像	辅影像	空间基线（m）	时间基线（d）
1	2009-01-03	2006-12-29	−109.7	−736
2	2009-01-03	2007-02-13	1403.7	−690
3	2009-01-03	2007-07-01	1983.6	−552
4	2009-01-03	2007-08-16	2258.9	−506
5	2009-01-03	2007-10-01	2476.5	−460
6	2009-01-03	2008-01-01	2792.8	−368
7	2009-01-03	2008-02-16	3824.4	−322
8	2009-01-03	2008-04-02	4059.8	−276
9	2009-01-03	2008-05-18	4156.1	−230
10	2009-01-03	2008-07-03	1097.4	−184
11	2009-01-03	2009-01-03	0	0
12	2009-01-03	2009-02-18	482.3	46
13	2009-01-03	2009-07-06	−854.1	184
14	2009-01-03	2009-08-21	1282.8	230
15	2009-01-03	2009-10-06	1717.8	276
16	2009-01-03	2010-01-06	2114.3	368
17	2009-01-03	2010-04-08	2945.7	460

ID	主影像	辅影像	空间基线(m)	时间基线(d)
18	2009-01-03	2010-07-09	3005.3	552
19	2009-01-03	2010-10-09	3760.5	644
20	2009-01-03	2011-01-09	4199.8	736

然后对以上干涉对进行差分干涉处理，得到 20 幅 PALSAR 干涉图，见图 5-10。再采用外部 DEM 数据来消除影像处理引起的地形相位信息，并采用自适应滤波的方法来获取更清晰的差分干涉条纹，接着利用三维相位解缠进行相位解缠处理，并采用三次多项式模型来剔除相位趋势，得到的解缠干涉图如图 5-11 所示。

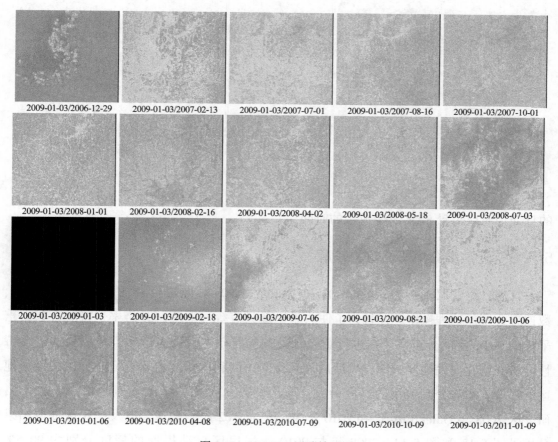

图 5-10　PALSAR 干涉结果图

图 5-12 显示的是 2006 年 12 月 29 日至 2011 年 1 月 9 日间河底镇山底村的时间序列图。各个形变图的累积形变量均是以 2006 年 12 月 29 日为参考时间，每幅图右下角

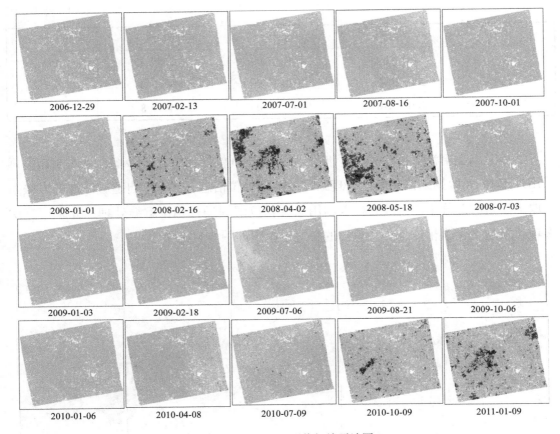

图 5-11　PALSAR 影像解缠干涉图

的日期为对应每景 SAR 影像成像的时间。

5.4.3　光学影像提取建筑物轮廓

首先，对获取到的 QuickBird-02 和 WorldView-02 影像进行大气校正、几何校正、数据融合等预处理操作。并且为了使两景影像具有统一的空间分辨率，将所有数据重采样到 0.5m 空间分辨率。在进行影像预处理的基础上，再对影像中地物要素进行特性分析并构建居民地样本库，然后从语义分割角度利用深度卷积特征进行像素级居地区的提取。影像分割使用的尺度参数、形状参数、紧致度参数分别为 40、0.6、0.5，研究区 2008 年 QuickBird-02 和 2010 年 WorldView-02 原始图像，以及居民区提取结果分别见图 5-13 和图 5-14，2008 年与 2010 年居民区自动提取的精度分别为 90.5% 和 91.2%。

最后，通过分析居民地要素轮廓规则化条件和原则，依据轮廓规则化方法，对提取出的居民区进行网络推理和平滑处理。同时，为了能够更好地显示居民地轮廓，在

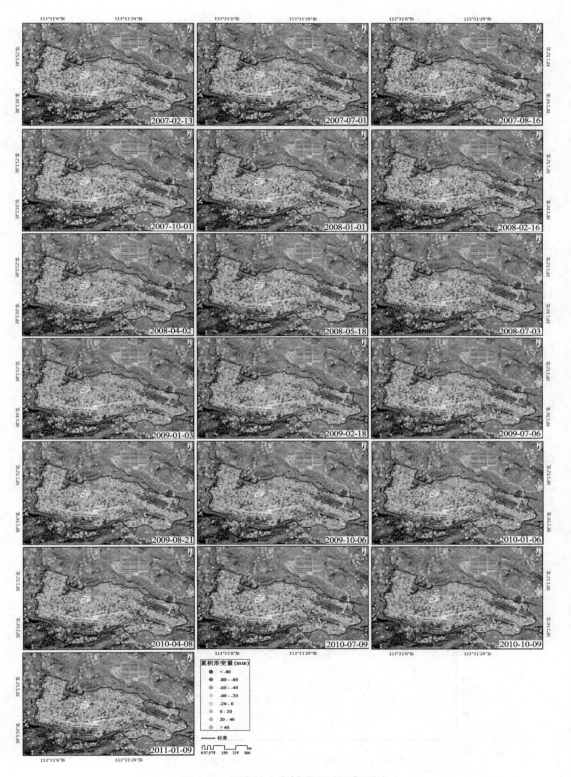

图 5-12 河底镇山底村形变时间序列图

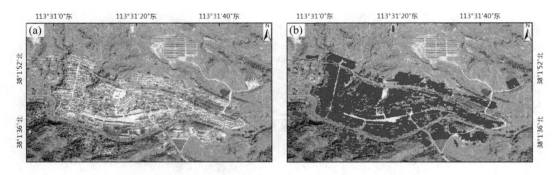

图 5-13　研究区 2008 年 QuickBird-02 图像(a)和居民区提取结果(b)

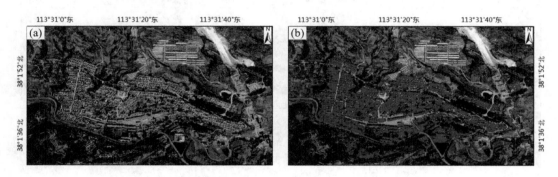

图 5-14　研究区 2010 年 WorldView-02 图像(a)和居民区提取结果(b)

自动提取的基础上，对明显错误的建筑物采用目视修正的方法优化自动提取结果，2008 年和 2010 年研究区居民地轮廓提取结果分别如图 5-15 和图 5-16 所示。

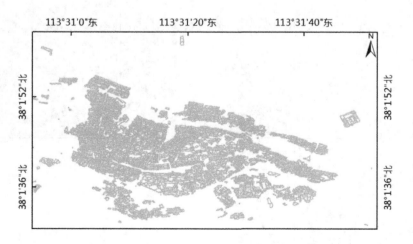

图 5-15　研究区 2008 年居民区地轮廓提取结果

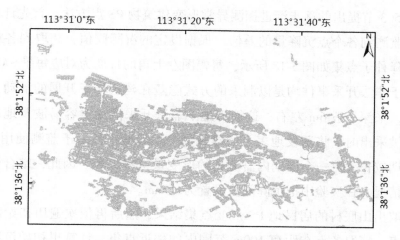

图 5-16　研究区 2010 年居民区地轮廓提取结果

5.4.4　地下非法采矿识别与分析

根据以上由高分辨率遥感影像提取出 2008 年和 2010 年山底村居民地要素的矢量轮廓，首先调用 ArcGIS 中的空间分析工具，可从利用 PS-InSAR 技术探测到的 PS 目标数据集上分离出地表房屋目标，然后提取出研究区内每栋居民地的 PS 点集，并且保留山底村村界范围内的 PS 点集，最终提取出 2006 年 12 月 29 日至 2011 年 1 月 9 日间山底村居民地 PS 形变点集信息，如图 5-17 所示。

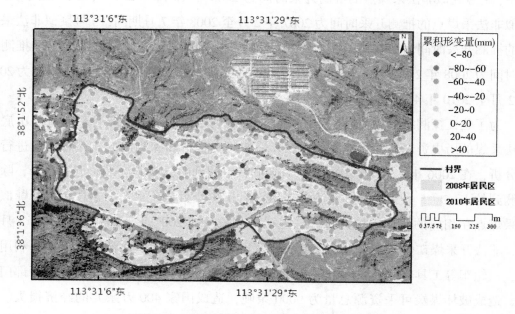

图 5-17　山底村居民地 PS 形变点集提取结果

　　再通过 5.3 节提出的逐步渐进探测异常形变建筑物 PS 点方法，首先计算研究区时序前后两次监测到各个点沉降量的差值，根据设定的沉降阈值，获取到各相邻时序期间的初始沉降种子点集如图 5-18 所示，每幅图左上角的日期为对应每景 SAR 影像成像的时间。鉴于非法开采事件均是以洞采的方式隐蔽在建筑物下开展的活动，且开采的深度比较浅，采深一般 6m 左右，这使得地下非法开采活动更容易波及地表，当地下的煤炭不断被采出时，将诱发地表上的建筑物产生形变，且由于监测使用的 PALSAR 数据往返周期较长，每一个周期内监测到的形变量也将更大。因此，结合研究区监测数据的整体情况，在实验中把沉降阈值设置为 10mm。

　　根据提取出山底村的居民地 PS 形变点集结果，然后再依次遍历初始沉降种子点集中的各个点，获取各点在距离 100m 范围内的邻近点集，计算出初始沉降点集中各个点的平均梯度变化率，如果该点的平均梯度变化率大于阈值 η，则该点为初步的沉降变化异常点，其中变化率阈值 η 可根据测区范围内各种子点的平均梯度变化率自适应公式(式(5-8))计算得出。最后，依次计算沉降变化异常点集中各个点在某一时间序列监测过程中的累积沉降量，并将一段时间序列内累积沉降量大于 80mm 的点确定为最终的异常形变建筑物 PS 点，这些点则可被视为疑似非法采矿点，其空间位置分布情况如图 5-19 所示。其中，累积沉降量阈值的确定主要依据监测时间区间研究范围内由非地下开采引起地表建筑物的最大平均形变经验值。

　　根据疑似非法采矿点各相邻形变差值的变化情况，可推测出其非法开采的时间。其中，1 号疑似非法采煤点的推测开采时间为 2006 年 12 月至 2018 年 1 月期间，2 号疑似非法采煤点的推测开采时间为 2007 年 2 月至 2008 年 7 月期间，3 号疑似非法采煤点的推测开采时间为 2009 年 10 月至 2011 年 1 月期间，4 号疑似非法采煤点的推测开采时间为 2008 年 2 月至 2009 年 4 月期间，5 号疑似非法采煤点的推测开采时间为 2009 年 2 月至 2010 年 4 月期间。

　　为了验证探测结果的可靠性和适用性，通过到当地国土资源监管部门查阅山底村非法采煤的历史资料，并将查阅到非法开采的历史资料和探测出的非法采煤点进行对比分析，在 2006 年 12 月至 2011 年 1 月期间，查阅到的历史非法采矿点有 3 个，除了探测到的 1、2、5 号三个疑似非法采煤点没有历史查处的记载外，3 号和 4 号疑似非法采煤点在相应的时期内均有过非法采矿的现象。如 2007 年 12 月至 2009 年 2 月期间，非法开采煤矿分子在 4 号采煤点的自家民房内，组织工人以洞采的方式，利用电镐、三轮车等工具非法开采国家煤炭资源，于 2009 年 3 月被当地国土资源监管部门查获，造成破坏煤炭可采资源总量为 9000 余吨，造成国家 400 万余元的经济损失。其中，探测出山底村 3 号非法采煤点的剖面图见图 5-20，非法开采煤矿分子在自家房屋

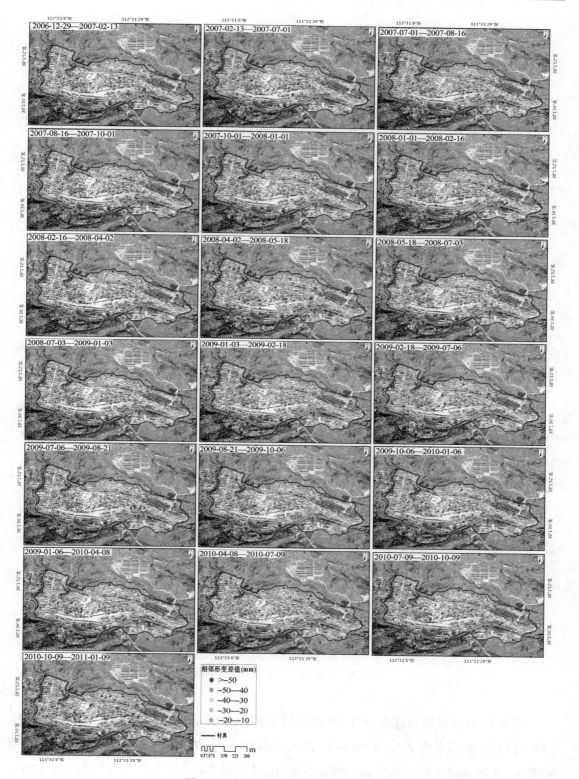

图 5-18 初始沉降种子点集提取结果

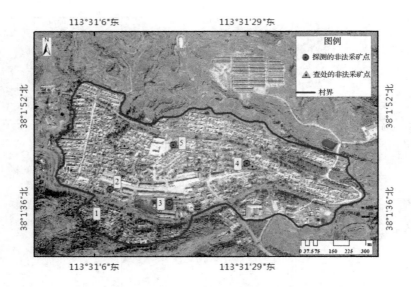

图 5-19　疑似非法采矿点的探测结果图

内，采取洞采方式进行非法采矿，开采口的标高为 848.633m，开采煤矿所在的煤层编号为 15 号，已开采出 15 号煤层最深处的见煤点是 5 号点，其底板标高为 838.437m。

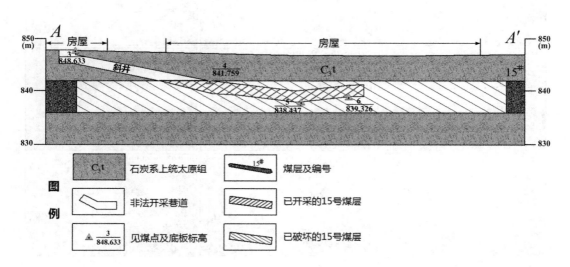

图 5-20　山底村 3 号非法采煤点剖面图

图 5-21 为该非法采煤点破坏 15 号煤层资源储量的估算平面图，竖井口的坐标位置在西安 80 坐标系之下为（4210 *** .655，38457 *** .871），其中横坐标 38 代表 3°带的带号。3 号见煤点的标高为 841.759m，5、6、7 号见煤点的地板标高分别为 838.437m、839.326m 和 838.754m。

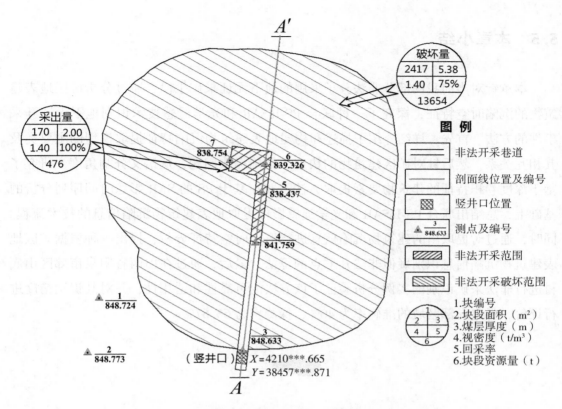

图 5-21　3 号非法采煤点破坏 15 号煤层资源储量估算平面图

2009 年 8 月至 2010 年 10 月期间，从 3 号非法采矿点非法采出煤炭 476t，其中开采的块段面积为 170m²，煤层厚度为 2m，视密度为 1.4t/m³，煤矿开采回采率为 100%。而非法开采破坏 15 号煤层的范围为 2417m²，煤层厚度为 5.38m，视密度为 1.4t/m³，煤矿开采回采率为 75%。最终 3 号非法采矿点破坏煤炭可采资源总量为 13654t，造成煤炭资源破坏的经济价值高达 500 万余元。

将探测出 2006 年 12 月 29 日至 2011 年 1 月 9 日期间山底村的非法采煤点与历史查处资料进行对比分析，得出历史查处的 3 个非法采煤点中有 2 个能被探测出来，探测到的 5 个疑似非法采矿点有 2 个被证明是历史查处到的非法采矿点，局部区域的准确率为 40%，探测率为 66.67%，且探测结果与实际情况基本一致，在开采时间上也基本吻合。但探测出的非法采煤点的位置与实际的开采位置存在大约 50m 的偏差，这主要是由于探测出的异常形变建筑物 PS 点位于最深处见煤点的上方，而不是开采口，从开采口通过开采巷道到已开采煤层还有一定的距离，故它们在空间位置上存在的距离偏差是合理的。因此，通过以上实例分析与验证，表明了该方法是可行的，具有一定的工程适用性和实际应用价值。

5.5　本章小结

　　本章针对当前我国部分非法分子采用的地下无证采矿手段，通过分析矿区地表建筑物的沉陷时空特征，探究了一种联合 PS-InSAR 和光学遥感技术识别地下无证开采事件的方法。首先，详细介绍了描述和构建地表建筑物沉陷特征提取模型的主要类及其相互关系，然后针对矿区建筑物的快速、精确提取问题，从语义分割角度，研究了基于深度卷积特征的建筑物要素提取方法，并在基于 PS 的 SAR 影像时间序列分析的基础上，总结出联合 PS-InSAR 和光学遥感影像提取地表建筑物沉陷信息的技术流程。同时，通过对提取出的建筑物沉陷信息进行形变时空特征分析，提出一种根据矿区地表建筑物沉陷信息识别疑似非法开采点的算法。最后，通过在山西省阳泉市郊区山底村进行非法采矿识别的实例分析验证了该方法的可靠性和适用性，并对其识别精度进行评价，得出局部区域的准确率为 40%，探测率为 66.67%。

第6章　面向越界开采识别的地下开采面位置反演

确定地下开采范围和深度是进行地下越界开采识别的关键环节，在不能进入井下的情况下快速、自动地圈定地下开采范围的现实选择就是利用地表采动信息，随着各类 SAR 数据源类型的多样化以及 InSAR 技术的迅猛发展，使得 InSAR 技术具备了大范围监测矿区地表形变的能力。但为了推断出地下开采范围，仅掌握地表形变信息是不够的，还需建立地表形变信息与地下开采区域的映射关系，找出影响这些关系的主控因素，如开采时间、开采厚度与深度、矿层倾角、推进速度、上覆岩层特性、松散层厚度、开采及顶板管理方法、地形地貌等资料，这些信息对开发监督管理等部门而言是很容易获取的。通过揭示以采动形变为核心的地表采动信息与地下开采区域的关联机理，可根据获得的地表采动信息、已知或可掌握的影响因素信息，推演、发现深藏在地表以下的非法开采区域。

针对地下越界开采识别的地下开采面反演的问题，基于第 3 章构建的动态 GIS 时空数据概念模型，建立了地表沉陷和地下开采面的时空关系模型，但越界开采识别的前提是要构建好矿山地表对象与传感器对象直接的动态关系，并实现由 InSAR 技术获取的地表沉陷信息进行地下开采面的反演。因此，本章在描述和构建矿山地表开采沉陷监测模型的主要类及其相互关系的基础上，结合 InSAR 技术和开采沉陷预计方法，研究了根据地表形变信息反演地下开采范围和深度的方法。在介绍开采沉陷基本规律和开采沉陷预计方法的基础上，详细介绍了概率积分法的基础理论和基本原理，探析了边界角与覆(围)岩岩性、开挖深度等地质环境因素存在的函数关系，并以此反演出地下倾向煤层采空区位置等参数，最后通过模拟实验和实例分析验证了地下开采范围反演的可靠性和适用性，并作出相应评价。

6.1　矿山地表与开采面对象动态关系构建

为了对矿山地表的开采沉陷信息以及地下开采面的反演进行建模与应用，故将矿山地表抽象为地质对象，监测矿山地表形变的星载 SAR 传感器和地下开采面分别抽象成相应的图层对象。星载 SAR 传感器观测到地表的沉陷信息、地下开采面的采掘进度平面图以及反演出的地下开采面范围都作为矿山地表对象的状态。

根据第 4 章构建的矿山地表开采沉陷监测模型的主要类及其相互关系（见图 4-2），可以得出，对矿山地表的实时数据来源主要依赖于对地观测的星载 SAR 传感器，且矿山地表对象是衔接矿山地下开采程度与星载 SAR 传感器的重要纽带，它是将星载 SAR 传感器数据和地下开采面接入矿山开采时空过程的必要操作。当地下有新的开采事件或者开采面推进事件时，开采面对象则会根据地下开采位置和范围，生成对应等级的地质事件，并且将生成的地质事件发送到开采沉陷的地质时空过程中，该时空过程又将此事件发送到影响区域内的矿山地表，矿山地表根据 InSAR 技术监测地表开采沉陷信息的约束规则和接收到的矿权范围对象信息，决定是否响应地下越界开采事件的驱动。基于 InSAR 和概率积分法越界开采识别模型主要地质对象和地质事件的交互作用如图 6-1 所示。

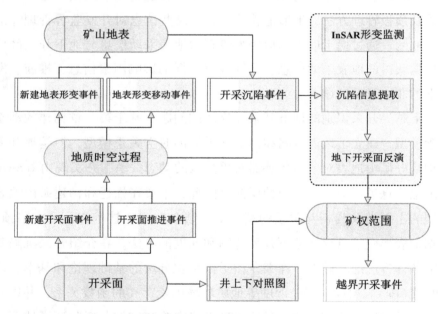

图 6-1　基于 InSAR 和概率积分法越界开采识别模型主要对象的交互图

由交互图可知，矿山地表对象在地表形变状态满足相应条件时才产生对应级别的事件，随着地下开采面在不断移动和推进，地质时空过程须不断地通知区域内矿山地表所发生的地表形变移动事件，并生成开采沉陷事件。矿山地表接收到 InSAR 技术获取的形变信息后，能动态地提取出各开采沉陷事件的沉陷信息。根据开采沉陷信息，结合几何沉陷预计理论和概率积分法，反演地下开采面的范围，再将反演出地下开采面的范围与井上下对照图进行实时对比分析，可实时地掌握地下开采事件是否严格按照计划的采掘进度来推进。故当矿权范围对象接收到反演出的开采面事件后，就可判断其是否存在越界开采事件，如果越界开采事件得到确认后，则对该事件进行预警预报响应。综上所述，在搭建的地下非法采矿识别平台上，要实现基于 InSAR 和概率积分法越界开采事件的快速识别，还需解决好 InSAR 矿区地表形变监测、沉陷信息提取和地下开采面反演等关键问题。

6.2 地下开采引起的地表沉陷规律

当埋在地下的矿产资源被开采出来后，一个新的采空区将在采动区岩体内部慢慢形成，在采空区上覆岩层重力的作用下，会破坏到周围岩体应力的平衡状态，从而使岩体内部慢慢发生移动和弯曲变形，直至岩体达到一个新的平衡状态（邓喀中，2014）。当地下开采工作面从开切眼位置向前采掘的距离长度约为平均采深的 0.25 ~ 0.5 倍时，岩层移动即发展到矿区地表，并使得矿区地表慢慢地产生变形，并最终诱发矿区地表沉陷。且随着地下开采活动的持续开展，矿区地表受地下开采影响的范围也将逐步扩大，最终将在矿区地表形成一个由地下开采而产生的下沉盆地。

图 6-2 展示了矿区地表下沉移动盆地随地下工作面推进而形成的过程，图中的 1、2、3、4 为地下工作面推进的位置，W_1、W_2、W_3 和 W_4 分别为由地下开采使得矿区地表产生的移动下沉盆地。在地下工作面的推进过程中，当地下开采进度达到 1、2、3、4 点上时，如图 6-3 所示，待地表移动相对稳定后，在它们相应的位置上将分别形成

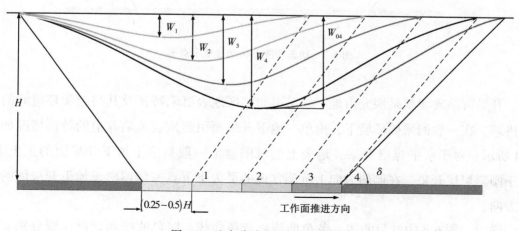

图 6-2 地表移动盆地的形成过程

W_{01}、W_{02}、W_{03} 和 W_{04} 静态移动盆地，并且在矿区地表移动变化过程中，地下开采面后方的地表点还将继续移动，但随着地下工作面的不断推进，地表移动的变化程度也会慢慢减弱，直至达到稳定状态。

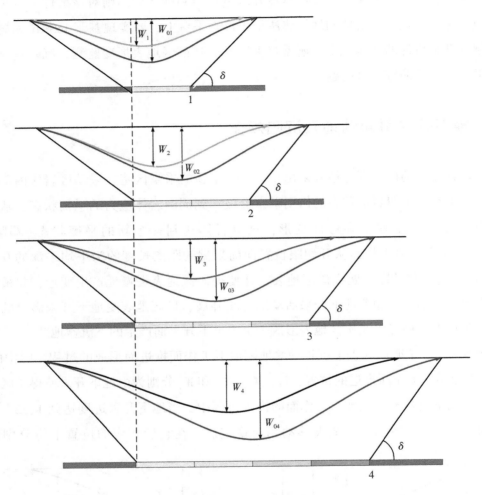

图 6-3　动态和静态移动盆地示意图

开采沉陷规律就是探究由地下采矿引起矿区地表沉陷特征及其与地质环境间的关联机理。在一般的采矿环境下，由单一地下开采面引起地表沉陷盆地的特征情况如图 6-4 所示。对于水平煤层开采，地表上的沉陷盆地一般是位于地下开采面的正上方。对于倾斜煤层开采，在倾斜方向上沉陷盆地的最大下沉点一般偏向于地下开采面的下山方向。

同时，图 6-4 中红色曲线、黄色曲线、蓝色曲线、绿色曲线和紫色曲线分别表示了地表移动盆地内垂直向下沉 $W(x)$、水平移动 $U(x)$、倾斜 $i(x)$、曲率 $K(x)$、水平变形 $\varepsilon(x)$ 五项指标的变化规律。对于水平煤层开采，最大的下沉值在沉陷盆地中央，且在凹凸分界上拐点处的沉陷值大约为最大沉陷值的一半；边界点和采空区中点的水平移动为零，边界点和采空区中点之间有极值。对于倾斜煤层开采，由于下沉曲线没有相应的对称性，以致水平移动和倾斜曲线，水平变形和曲率曲线的变化趋势均不再一致。

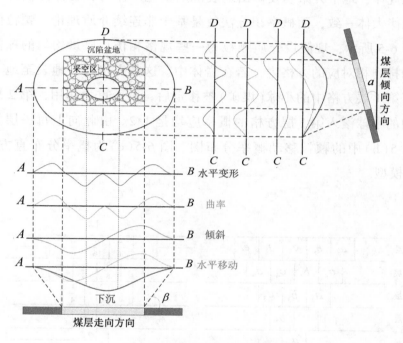

图 6-4 开采沉陷规律示意图

6.3 开采沉陷预计原理和模型

从 19 世纪工业革命开始，人类对各种能源利用的深度和广度在不断增长，露天煤矿开采已经无法满足社会需求，煤炭资源的开采不断向地下延伸，地下采掘容易造成地面建筑物、自然景观和生态环境的破坏。对于矿产资源的地下开采行为，在实施开采活动之前，应及时了解矿区的地质采矿环境，并选用合理的开采沉陷预计方法，预测出由地下开采将引起矿区地表的形变信息。因此，利用开采沉陷预计方法能为合理安排矿区的生产和生态环境的保护提供技术支持。开采沉陷预计的方法有很多种，我国采用较多的主要有剖面函数法和影响函数法等方法。而影响函数法由于符合先微分再积分的操作属性，并且能应用于三维立体空间，通过结合岩层移动随机介质理论，慢慢地发展成为概率积分法。概率积分法因易于计算机编程实现，在我国开采沉陷预计中得到广泛应用，也是本章开展地下开采面反演研究所采用的方法。

6.3.1　沉陷预计的基本原理

在开采沉陷理论研究中，一般使用连续介质模型和非连续介质模型来研究岩体的沉陷变化规律，地下开采诱发矿山地表沉陷变化规律与颗粒体介质理论模型所模拟的运动规律大体一致，而概率积分法就是基于非连续介质理论。颗粒体介质的理论模型如图 6-5 所示，现假设介质颗粒为一些规格相仿、质量均匀的球体，并被封装在规格和排列相对应的方格内，若在岩体中，这些方格即为地表至地下开采面的矿体间。若第 1 层方格中的小球（煤矿）被移走后，由于重力作用，第 2 层上的两个相邻方格中的小球滚入第 1 层方格的概率应均是 1/2。由此向上每一层类推，就可以得到图 6-5(b) 中的颗粒移动概率分布图。图 6-5(c) 为概率分布直方图，图 6-5(d) 为沙箱模型。

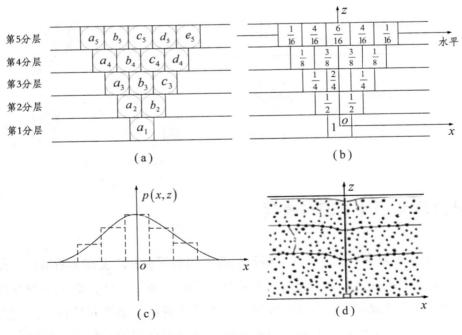

图 6-5　颗粒体介质的理论模型

根据数学关系推导，可得到单元开采引起下沉盆地的表达式：

$$W_e(x, z) = \frac{1}{r_z} \exp\left(-\pi \frac{x^2}{r_z^2}\right) \tag{6-1}$$

$$r_z = \sqrt{4\pi A z} \tag{6-2}$$

式中，A 为反映方格尺寸的一个常数；r_z 为主要影响半径。

单元开采引起地表水平移动可表示如下：

$$U_e(x,z) = K_z \frac{\partial W_e(x,z)}{\partial x} = K_z i_e(x,z) \tag{6-3}$$

对于等深开采，r_z 和 K_z 均为常数，则式(6-1)可简化为

$$W_e(x) = \frac{1}{r} \exp\left(-\pi \frac{x^2}{r_z^2}\right) \tag{6-4}$$

式(6-3)可简化为

$$U_e(x) = K_z \frac{\partial W_e(x)}{\partial x} = -\frac{2\pi K_z x}{r^3} \exp\left(-\pi \frac{x^2}{r_z^2}\right) \tag{6-5}$$

6.3.2 沉陷预计的数学模型

概率积分法采用的是随机介质理论，计算出的变形结果与矿区的实际形变值吻合度较高，且受外部开采环境的影响很小，故在许多矿区的沉陷预计实践中得到广泛应用。由于地下开采引起地表下沉盆地是一个三维现象，在三维条件下，可建立沉陷预计的数学模型。

如图6-6所示，在 $o\text{-}xyz$ 三维空间坐标系中，根据概率积分法理论，对于某一个地下开采单元，将引起矿区地表任意点的沉陷量为：

$$W_g(x, y) = \frac{1}{r^2} \cdot \exp\left(-\pi \frac{(x - x_i)}{r^2}\right) \cdot \exp\left(-\pi \frac{(y - y_i + l_i)}{r^2}\right) \tag{6-6}$$

式中，$r = \dfrac{H_0}{\tan\beta}$，$l_i = H_i C\tan\theta$；$B(x_i, y_i)$ 为单元中心点的坐标位置；$A(x, y)$ 为矿区地表上任意一点的坐标位置。

设工作面的开采范围为 $0 \sim D_1$ 和 $0 \sim D_2$ 组成的矩形采空区，即工作面走向方向的开采长度为 D_1，沿工作面倾向方向的开采宽度为 D_2，则整个工作面开采引起地表任意点下沉的概率积分法计算公式为：

$$W(x, y) = W_0 \iint W_g(x, y)\,\mathrm{d}x\mathrm{d}y = \frac{W_0}{r^2} \int_0^{D_1} \int_0^{D_2} \exp\left(-\pi \frac{(x - x_i)^2 + (y - y_i)^2}{r^2}\right) \mathrm{d}x_i \mathrm{d}y_i$$

$$\tag{6-7}$$

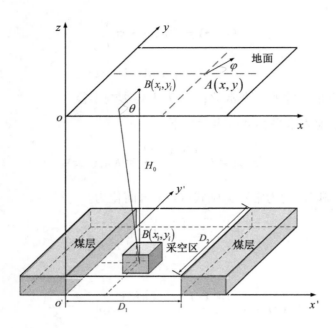

图 6-6　开采三维空间坐标系

式中，W_0 为最大沉陷值，$W_0 = mq\cos\alpha$，则式（6-7）可表示为

$$
\begin{cases}
W(x,\ y) = \dfrac{1}{W_0} \cdot W_0(x) \cdot W^0(y) \\[2mm]
W^0(x) = \dfrac{W_0}{2}\left\{\left[1 + \exp\left(\sqrt{\pi}\,\dfrac{x}{r}\right)\right] - \left[1 + \exp\left(\sqrt{\pi}\,\dfrac{x - D_1}{r}\right)\right]\right\} \\[2mm]
W^0(y) = \dfrac{W_0}{2}\left\{\left[1 + \exp\left(\sqrt{\pi}\,\dfrac{y}{r}\right)\right] - \left[1 + \exp\left(\sqrt{\pi}\,\dfrac{y - D_2}{r}\right)\right]\right\}
\end{cases}
\tag{6-8}
$$

式中，W_0 为煤层开采达到充分采动条件时矿区地表的最大沉陷值；$W^0(x)$ 和 $W^0(y)$ 分别为走向和倾向方向达到充分采动时走向主断面和倾向主断面的沉陷值。

根据矿区地表沉陷表达式，可计算出矿区地表任意一点 $A(x,\ y)$ 的倾斜、曲率等移动变形。但除了下沉之外，其他的移动变形还有方向性，且同一点沿各个方向的变形值也是不同的，所以要对单元下沉盆地求方向导数，并进行积分求得。

对于坐标为 $(x,\ y)$ 的点沿 φ 方向的倾斜 $i(x,\ y,\ \varphi)$，可表达为

$$
i(x, y, \varphi) = \frac{\partial W(x,y)}{\partial \varphi} = \frac{\partial W(x,y)}{\partial x}\cos\varphi + \frac{\partial W(x,y)}{\partial y}\sin\varphi
\tag{6-9}
$$

上式可简化为

$$
i(x,\ y,\ \varphi) = \frac{1}{W_0}\left[i^0(x)\,W^0(y)\cos\varphi + i^0(y)\,W^0(x)\sin\varphi\right]
\tag{6-10}
$$

对于坐标为 (x, y) 的点沿 φ 方向的曲率 $k(x, y, \varphi)$，可表达为

$$k(x,y,\varphi) = \frac{\partial(x,y,\varphi)}{\partial\varphi} = \frac{\partial(x,y,\varphi)}{\partial x}\cos\varphi + \frac{\partial(x,y)}{\partial y}\sin\varphi \quad (6\text{-}11)$$

上式可简化为

$$k(x, y, \varphi) = \frac{1}{W_0}[k^0(x) W^0(y) - k^0(y) W^0(x) \sin2\varphi + i^0(x) i^0(y) \sin2\varphi] \quad (6\text{-}12)$$

同理，沿 φ 方向的水平移动 $U(x, y, \varphi)$ 可表达为

$$U(x, y, \varphi) = \frac{1}{W_0}[U^0(x) W^0(y) \cos\varphi + U^0(y) W^0(x) \sin\varphi] \quad (6\text{-}13)$$

沿 φ 方向的水平变形 $\varepsilon(x, y, \varphi)$ 可表达为

$$\varepsilon(x, y, \varphi) = \frac{1}{W_0}\{\varepsilon^0(x) W^0(y)\cos2\varphi + \varepsilon^0(y) W^0(x)\sin2\varphi +$$

$$[U^0(x) i^0(y) + i^0(x) U^0(y)\sin\varphi\cos\varphi]\} \quad (6\text{-}14)$$

6.4 基于 InSAR 和沉陷预计理论的地下开采面反演

6.4.1 开采沉陷信息和特征的 InSAR 提取

获取 SAR 影像中的每一个像素不但包含地面分辨元的雷达后向散射强度信息，还包含传感器到目标距离间有关的相位信息，将覆盖同一地区两幅 SAR 影像对应像素的相位值进行相减后，可得到一个相位差图，即所谓的干涉相位图（刘国祥，2019）。如图 6-7 所示，星载 InSAR 提取的这些信息包含大气延迟、地形起伏、参考椭球面以及地表形变等因素的影响。

为了从获取的干涉相位图中提取出形变信息，需从中去除大气延迟等其他因素引起的相位值。采用重复轨道干涉测量模式，在获取的干涉条纹图中，干涉相位的综合贡献的组成为

$$\Phi = \omega(\varphi_d + \varphi_f + \varphi_t + \varphi_a + \varphi_n) \quad (6\text{-}15)$$

式中，ω 表示缠绕算子；φ_d 为卫星视线方向的地表形变相位；φ_f 为参考面相位；φ_t 为地形相位；φ_a 为大气相位；φ_n 为噪声相位。通过两幅或多幅干涉影像进行差分处理去除平地效应，并逐一将上式中后四种相位消除，即可分离出地表形变信息。

在一幅差分干涉图中，地下开采引起地表沉陷区域具有一些为其独有的典型特征（Hu et al.，2010），总结这些特征对于通过 InSAR 技术获取地表形变值，并以此计算

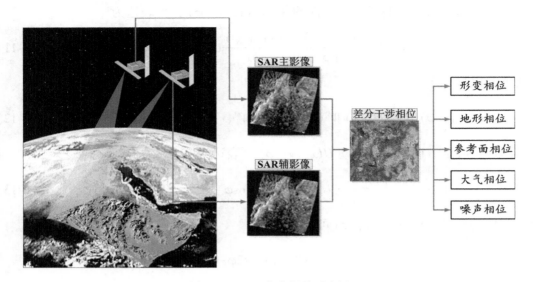

图 6-7　InSAR 相位提取示意图

开采沉陷盆地的模型参数，反演出地下采空范围来说，有着至关重要的意义。这些特征见图 6-7 中的差分干涉图，一是空间特征，即地表的最大沉降量主要发生在地下采矿区所对应的地表中心，从中心到边缘下沉幅度逐渐减小，最终在该区域表面形成一个沉降漏斗；二是几何特征，即地表沉降区域一般呈现为典型的圆形或椭圆形；三是形变特征，即地表沉降区域梯度的绝对值大于非沉降区域梯度的绝对值，并且梯度方向大约呈现出由沉降中心指向沉降边缘的扩展格局。

　　基于 InSAR 提取由地下开采引起地表沉陷的信息并总结其特征规律，可以更准确地获取地表形变范围和轮廓，且由于地表形变范围与地下开采范围存在定量关系，而地表形变轮廓与地下开采轮廓存在对应关系。因此，通过掌握以上的定量和对应关系，再结合深部岩土力学理论，可反演出地下开采的范围、规模、轮廓和走向。

6.4.2　反演的可行性分析

　　对地表采动信息与地下开采区域的时空关系研究较多的当属地表形变(沉陷)，开采形变(沉陷)的分布规律取决于地质和采矿因素的综合影响，而不同结构的地下开采引起的地表形变分布和特征也判然不同，如图 6-8 所示。

　　理论与实践表明，地下资源开采诱发的形变(沉陷)是一个时空演化过程，随着地下开采面的开掘，由于地下开采面与矿区地表范围的相对空间位置不一致，地下开采影响到矿区地表的位置也不一样，地下开采诱发的地表形变特征主要表现在以下两个

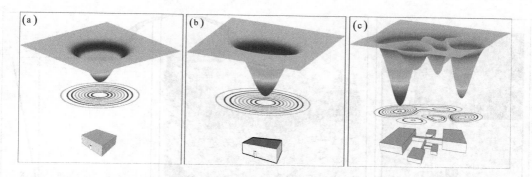

（a）地下开采区域为正方体结构；（b）地下开采区域为长方体结构；（c）地下开采区域为复杂体结构

图 6-8　不同结构的地下开采引起的地表形变示意图

方面：一是地表形变范围与地下开采范围存在定量关系，据沉陷学理论，该量值随埋深增加有一定幅度波动；二是地表形变轮廓与地下开采轮廓存在上下空间对应关系。根据以上这两种对应关系，结合深部岩土力学和开采沉陷学等理论知识和相关技术支撑，使得根据地表形变信息和特征反演出地下开采面的范围、规模、轮廓和走向成为可能。

6.4.3　反演的基本原理

由地下开采诱发地表形变的移动过程是一个随时间变化的多维复杂空间问题，当地下开采面推进到一定距离，岩层的活动将波及矿区地表，引发矿区地表发生一定的形变量。如果将因地下开采引起的地表移动过程视为一个复杂系统，系统内的各种系数和参数将受地质条件和采矿方法多因素的影响，各要素之间表现为非线性关系，且边界角与覆（围）岩岩性、开挖深度等地质环境因素存在一定的函数关系。

边界角 δ_0 如图 6-9 所示，若要判定采空区的深度，需得到非充分采动下的边界角与充分采动边界角之间的函数关系。而地下开采边界是采空与实体的分界线，地表沉降量会有变化，而当地表沉降量等于零的点为下沉曲线凹凸变化点，即为下沉曲线拐点。也就是说，当上覆岩层形变完全符合随机介质规律时，从理论上讲，下沉曲线的拐点与煤层开采边界点在水平面上的投影是重合的，即可以用于判定地下开采的平面范围。但在实际开采过程中，由于存在悬顶距，故拐点不完全在地下煤层开采边界的正上方，而是位于煤层开采边界点上方并略偏向于开采面的内侧，主要受以下两个方面因素的影响：一是砌体梁结构的形成断裂角的大小会显著影响拐点位置；二是不同的采深和采动程度对拐点偏移距的影响也较大。

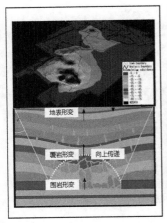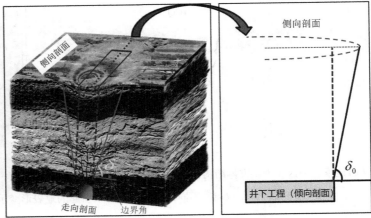

|（a）覆岩变形剖面图|（b）地下开采引起地表移动过程图|（c）倾向剖面图|

图 6-9　地下工作面和地表形变的关系示意图

6.4.4　地下开采面位置反演方法

1. 水平煤层下沉曲线与工作面位置关系

在主断面上，根据随机介质理论，地下水平煤层开采诱发的地表下沉曲线与曲率曲线分布规律如图 6-10 所示。图中细曲线为下沉曲线，粗曲线为曲率曲线，O 为最大下沉点，在水平煤层开采时，在采区中央正上方；A 和 B 为盆地边界点，δ_0 为边界角，E 为拐点，E_0 为曲率曲线的零点，H 为采深。

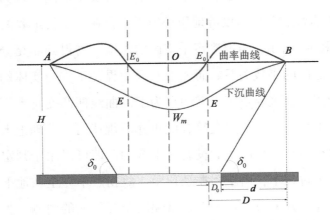

图 6-10　地表移动盆地下沉曲线与曲率曲线分布规律图

下沉曲线表示地下开采活动导致的矿区地表沉陷的分布情况，曲率曲线表示的是地表沉陷盆地范围内曲率的变化情况。图 6-10 中 D_0 为拐点偏移距，拐点偏移距的变化规律会受到岩层特性、地质构造和采动程度等众多因素的影响，但在一般情况下，同一开采区域的地质采矿因素、覆岩岩性、采厚、采深等参数相差不会太大。因此，在开采沉陷预计工作中将拐点偏移距作为一个常数来采用，虽然会带来一些误差，但也易于计算和消除。

利用 InSAR 获取地表形变信息和开采沉陷特征后，就能获取矿区地表沉陷盆地，通过计算矿区地表沉陷盆地的最大沉陷点，可得出分别沿倾向和走向的地表沉陷盆地的主断面；再利用随机介质理论和非线性岩体力学理论等边界拟合方法，根据观测值拟合出地表下沉曲线，在此基础上，依据计算得出的拐点和拐点偏移距便可确定采空区的边界线。对于水平煤层来说，地表下沉曲线在倾向主断面上对称性较好，是以移动盆地中心对称，因此只需获取倾向方向任意一侧的拐点便可计算到两个边界。而在走向主断面上的对称性较差，这是由于在利用 InSAR 技术获取地表形变信息时，地下开采行为还没有结束，而形变在覆岩中的传播需要时间，故开采工作面后方的地表点仍在继续移动，直至稳定，这就造成地表移动下沉的滞后，即图 6-11 中地表移动点 B_4 至点 B_{04} 的距离。若直接采用 InSAR 技术获取的地表形变信息进行反演计算，得到的是在工作面在 A_{04} 处边界的位置，而与真实工作面推进至 A_4 处的边界位置有一定偏差。因此在反演过程中，还需根据地质条件及先验经验，将开采边界上方盆地的拐点和边界点等特征点向开采方向移动一定的距离，以抵消地表盆地移动延时滞后引起的误差，一般实际测量中，下沉 10mm 的位置被认为是边界点。

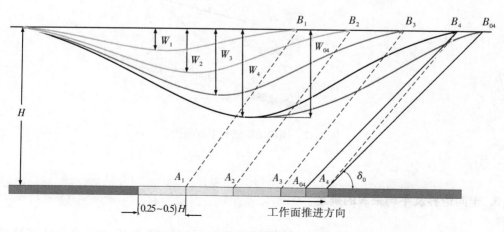

图 6-11 地表移动盆地沉陷示意图

2. 倾斜煤层形变传播特征

而对于倾斜煤层诱发的地表沉陷规律，由于煤层和覆岩倾斜，煤层采空后顶板覆岩沿法向弯曲下沉，开采影响的传播不是垂直向上，而是沿某一个角度 θ 向地表传播，通常 $\theta < 90°$。当进行倾斜煤层地下开采时，拐点将向煤层下山方向发生偏移。

下沉盆地具有明显的非对称性。下山边界处，由于开采深度较大，下沉影响波及较远，地表下沉盆地相对比较平缓；而上山边界处，由于开采深度较小，下沉影响范围的扩展较小，地表下沉盆地相对比较陡。因此，在倾斜煤层条件下，有下山开采和上山开采主要影响半径之分。

由于煤层和覆岩倾斜，地下开采后，顶板覆岩开始冒落和弯曲，基本上是沿着近似煤层法线方向传播，即遵循"法向移动"规律，如图 6-12 所示。图中 r_1 为倾斜煤层下山方向的影响半径，r_2 为倾斜煤层上山方向的影响半径，θ 为开采影响传播角，α 为煤层倾角。岩层近似"法向移动"，有两个分量，一个是垂直下沉，一个是沿着上山方向的水平分量。由于这个水平分量的存在，使得地表除正常的弯曲下沉所产生的分量外，又增加了一个附加的向上山方向的水平移动，其值近似为 $W_{yi}\cot\theta$。从而使指向上山方向的水平移动增大，指向下山方向的水平移动相对减小，水平移动的零点与最大下沉点也不重合。

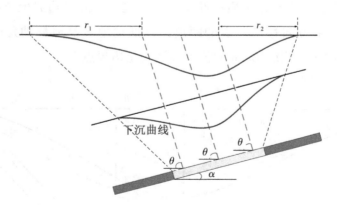

图 6-12　倾斜采空区与下沉曲线

3. 走向边界及平均采深的确定

根据上述对煤炭开采引起的盆地特征的分析，可以得到由开采沉陷盆地反演地下采空区的方法。一般来说，开采工作面沿走向方向的倾角为水平或近水平，因此在确定走向边界时，依靠水平采空区的沉陷规律可知，走向采空区边界的水平位置位于拐点向采空区边界移动 D_0 处。

根据走向采空区边界点和拐点可以计算采深。如图 6-10 中，δ_0 为边界角，D 为下沉盆地边界点到拐点的距离。可以看出，采深、边界角、下沉盆地边界点到拐点的距离以及拐点偏移距满足三角函数关系：

$$\tan\delta_0 = \frac{H}{d} = \frac{H}{D - D_0} \tag{6-16}$$

其中，边界角 δ_0 及拐点偏移距 D_0 可在《三下采煤规程》（煤炭工业部，1986）中查到，下沉盆地边界点到拐点的距离 D 可根据下沉盆地求得，故地下开采的平均采深 H 可求。利用 D-InSAR 技术获得的盆地边界可以用于计算采深，但由于掘进边界误差较大，倾向方向的两边界可能未达到充分采动及有倾角影响，根据 Du（2019）的研究结论，使用掘进方向后侧的边界进行计算会得到较为理想的效果。

4. 煤层倾角的确定

煤层的倾角可以根据倾向宽度以及上山和下山方向的采深来获取。根据概率积分法原理及前面小节的介绍可知，描述主要影响半径及采深关系的公式为

$$r_z = \sqrt{4A\pi z} \tag{6-17}$$

式中，A 为一常数；r_z 为主要影响半径；z 为采深。因此，在求出平均采深 H 后，使用走向后侧开采边界处的主要影响半径与平均采深可求得常数 A，之后由 r_1 和 r_2 可分别求得倾向上山方向和下山方向的采深 H_1 和 H_2。采空区的开采宽度 L 仍由倾向主断面拐点及拐点偏移距得到，与开采长度计算方式类似。由开采宽度与倾向采深，可得煤层倾角：

$$\alpha = \arctan\left(\frac{H_2 - H_1}{L}\right) \tag{6-18}$$

5. 倾向开采边界的确定

在上一小节中，由倾向主断面的拐点和偏移距计算得到采空区的开采宽度。但是下沉盆地会由于倾角的原因而发生偏移。由图 6-12 可知，开采影响传播角是确定采空区倾向边界的关键。开采影响传播角 θ 与煤层倾角 α 有密切关系，实测资料统计分析结果如下：

$$\begin{cases} \theta = 90° - k\alpha, & \alpha \leqslant 45° \\ \theta = 90° + k\alpha, & \alpha > 45° \end{cases} \tag{6-19}$$

式中，k 为系数，与覆岩岩性有关，随着覆岩岩性变硬，k 值增大，一般在 0.5~0.8 之间变化。由图 6-12 可知，得到开采影响传播角后，便可以根据下沉盆地的拐点得到的采空区宽度和采深确定采空区倾向边界的位置。根据地表下沉盆地计算倾斜煤层采空区位置的流程如图 6-13 所示。

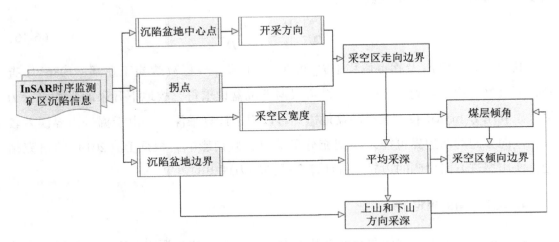

图 6-13　倾斜煤层采空区位置反演流程图

6. 越界开采的甄别

综上所述，利用 InSAR 获取的地表移动盆地和主断面下沉曲线，以及边界点、拐点、拐点偏移距和边界角等参数信息，就可以反演出地下采空区的位置范围，再将反演出的采空区与地下开采推进的工作面进行空间上的叠加分析，便可以判断出是否存在越界开采的行为。一般来讲，如果反演出来的采空区范围大于地下采矿权范围，则存在越界开采的可能。

因此，可以借助矿产管理部门采矿批准和采矿计划的详细信息，如合法采矿权、采深和开采时间表等数据，结合反演出的开采区范围，可初步确定越界开采的事件，这个非法采矿识别的过程可以用以下一个数据集来判断，即

$$\{f_{n_i}(D_x, D_y, H, T)\} = \{f_n(D_x, D_y, H, T) \cap g_n(D_x, D_y, H, T)\} \quad (6\text{-}20)$$

式中，D_x 为沿工作面走向方向的开采长度；D_y 沿工作面倾向方向的开采宽度；H 为采深；T 为开采时间；数据集 $g_n(D_x, D_y, H, T)$ 为采矿权边界范围和采深等数据。

6.4.5　模拟实验

为了验证上述所提出方法的适用性，首先使用 FLAC3D 软件模拟了地表下沉图，

然后利用所提出的方法进行采空区位置的计算，并与模拟预设参数进行对比。FLAC3D 软件由 ITASCA 公司研发而成，主要是使用了显式拉格朗日算法，能够准确地求解出材料物质的塑性破坏，尤其对于本次实验的大变形非线性问题，其运算速度与精度都优于有限元程序。

1. 模型的构建

本次模型共搭建了 9 层岩层，包括煤层与底板，且在每层覆岩间设置了界面，以保证岩层间可以发生滑动或分离。所有岩层均采用摩尔库伦本构模型。模型块体的水平尺寸为 10m×10m，在保证精度的同时提高运算效率。当最大不平衡力低于 50N 时认为模型达到稳定。模拟的采空区位置如图 6-14 与表 6-1 所示。为评估非充分采动的影响，令采空区宽度大于长度。煤层厚度设为 2m 以使下沉盆地形状更明显。采深与煤层厚度的比值远大于 30，以保证地表形变连续，无裂缝产生。

2. 模拟结果

根据上一小节的模型可以得到如图 6-14 所示的下沉盆地与如图 6-15 所示的盆地倾向方向的倾斜与曲率。

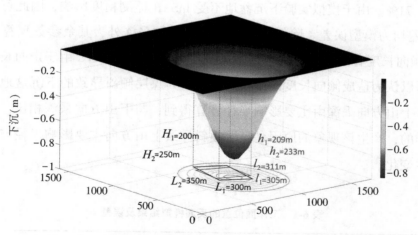

图 6-14　模拟下沉盆地，模拟采空区及反算采空区位置对比

从图 6-14 中可以看到，由于煤层倾斜，下沉盆地中心与采空区中心并不重合，而是向下山方向移动。从图 6-15 中可以看到，倾斜煤层的倾斜不对称，相比于下山方向，上山方向的倾斜变化更剧烈。图 6-15(a)中下沉盆地倾斜波峰与波谷之间的零值为一条线，表明此时下沉盆地并未达到充分采动。由于本次模拟采空区宽度大于长度，

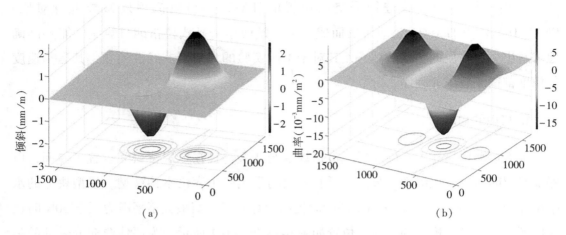

图 6-15　模拟下沉盆地在倾向方向的倾斜(a)与曲率(b)

因此可以得知下沉盆地在走向和倾向两个方向均未达到充分采动。图 6-15(a)中底部绿色直线与图 6-15(b)中底部黄色直线分别为倾斜与曲率为 0 的位置。

3. 反算结果与分析

根据上述方法得到反演模拟出的结果及误差如表 6-1 所示。由表 6-1 计算可得到平均误差为 4.71%。由于模拟实验下沉盆地不受 InSAR 监测精度影响，因此可以认为表 6-1 中的误差均为模型误差。除倾向长度与上山方向采深外，其余参数反算误差均在 2% 以下。倾向长度直接由下沉盆地拐点及拐点偏移距计算得到。由于走向长度误差较小，因此可以认为造成倾向长度误差较大的原因为煤层倾斜导致的下沉盆地拐点位置发生变化。上山方向采深由主要影响半径计算得到，与下山方向采深相比，误差明显增大。同样的，产生该现象的原因是煤层倾斜导致上山方向主要影响半径与采深之间的关系发生变化。

表 6-1　工作面位置的反演模拟结果及误差

	走向方向	走向长度	倾向长度	平均深度	上山方向采深	下山方向采深	煤层倾角
探测值	178°	305m	311m	228m	209m	247m	7°
实际值	180°	300m	350m	225m	200m	250m	8°
相对误差	1.11%	1.67%	11.14%	1.33%	4.50%	1.20%	1.23%

虽然部分参数的误差较大，但是平均误差 4.71% 仍然表明，本研究提出的方法在原理上可行。

6.5 工程实例及分析

6.5.1 研究区域与数据

峰峰矿区隶属河北省邯郸市，位于河北省的南部，太行山的东部，区域覆盖范围在北纬 36°20′—36°34′，东经 114°3′—114°16′，总面积约 560km² (陈秋生，2009)。峰峰矿区属于典型的暖温带大陆季风气候，降雨集中分布在每年的 7—9 月 (聂成良，2010；杜亮亮等，2017)。峰峰矿区自西向东的地层关系依次为寒武系、石炭系、二叠系、三叠系和第四系 (刘燕学等，2003；曹代勇等，2007)，地层走向呈 NNE 方向，倾角为 10°~20° (河北工程大学，2007)。峰峰地区自然资源丰富，尤其是煤炭资源，享有"冀南煤海"的称号，仅焦煤的开采量就达到 5 亿多吨，并建设成为一个矿产城区 (笱松平，董燕，2014)。本次实验选取 132610 工作面，如图 6-16 所示，紫色圆点为水准观测站，白色矩形为 132610 工作面，工作面煤层平均厚 5.9m，平均采深 774m，矿井实际开采厚度为 4.5m。煤层规划走向长 1021m，InSAR 观测期间走向开采长度

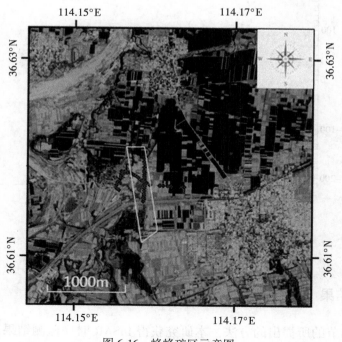

图 6-16 峰峰矿区示意图

319m，倾向长 165m，走向倾角为 5°，倾向倾角为 31°。

本次实验使用了 11 景 Radarsat-2 升轨影像获取地表形变，影像获取时间从 2015 年 6 月 15 日至 2016 年 3 月 5 日。影像为右视成像，HH 极化方式，距离向分辨率 2.66m，方位向分辨率 2.90m，入射角范围为 33.9°~37.1°。

6.5.2　开采沉陷 InSAR 监测

将空间基线和时间基线分别设置为 1000m 和 1000 天后，采用德罗内三角网进行干涉对的选取。最终由 11 景 SAR 影像得到 24 幅干涉图，如图 6-17 所示，小菱形表示 SLC 影像，线表示干涉对，其中实线表示用于计算形变的干涉图，虚线表示因为失相干被舍弃的干涉对。由图 6-17 可以看出，部分干涉图发生了严重的失相干，导致干涉条纹几乎消失。为了避免其影响，失相干严重的干涉图被舍弃，如图 6-18 所示。由于该区域形变较大且相干性较差，因此在做完 3×3 的多视之后，相干性大于 0.45 的点被保留下来。此阈值所选择的点的相位标准差约为 32°。之后，采用 Mora 等（2013）、Pablo 等（2008）提出的方法估计线性形变和非线性形变，这一方法可以有效保留形变中非线性部分，因此可以更准确地获得地表形变。

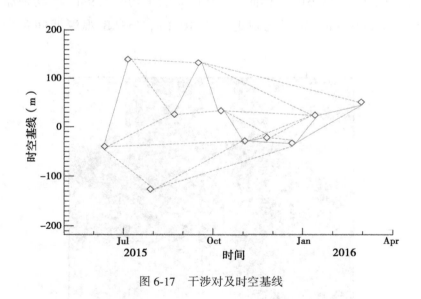

图 6-17　干涉对及时空基线

6.5.3　反演结果

按照前面小节的所提出的方法，本研究获得 InSAR 时序监测结果（见图 6-19），盆地走向主断面与倾向主断面的下沉曲线（见图 6-20）以及对工作面位置的最终反演结果

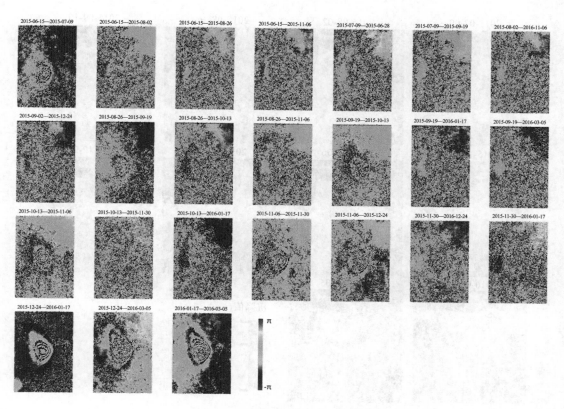

图 6-18 矿区地表开采沉陷干涉图

（见表6-2）。在图 6-19 中，每幅小图表示从 2015 年 6 月 15 日开始到图上方日期的地表累积沉降量，正值表示抬升，负值表示下沉。并且从图中可以看到，由于较低的相干性阈值，使得大部分像元被保留下来，充足的观测点可以保证探测到完整的下沉盆地形状。虽然较低的相干性意味着较大的相位标准差，但是结果精度仍在可接受范围内。主要表现在，下沉盆地形状完整且连续，周围没有或只有较少的离群点。同时可以看到，随着时间的推移，地表下沉逐渐加剧，并且向东南方向偏移。

图 6-20 展示了走向主断面和倾向主断面的下沉曲线及拟合曲线，其中，走向主断面观测点从北到南排列，倾向主断面观测点从东到西排列。下沉盆地的最大下沉值达到 350mm，各个时期的下沉曲线具有相同的特征，最大下沉值的位置随着时间的推移而向南偏移，且倾向方向的下沉曲线具有明显的倾斜煤层的不对称性。东半部分的下沉值变化较缓，西半部分的下沉值变化则较为剧烈。

图 6-21 为反演工作面与实际工作面位置的对比图，图中的白色矩形为反演结果，黑色矩形为工作面实际位置。H_1、H_2、L_1、L_2 分别为实际开采工作面上山方向采深、下山方向采深、开采长度和开采宽度。h_1、h_2、l_1、l_2 分别为反演开采工作面上山方向

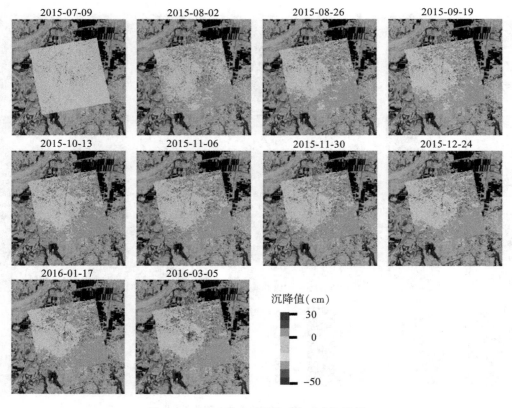

图 6-19　研究区 LOS 方向时序地表沉降图

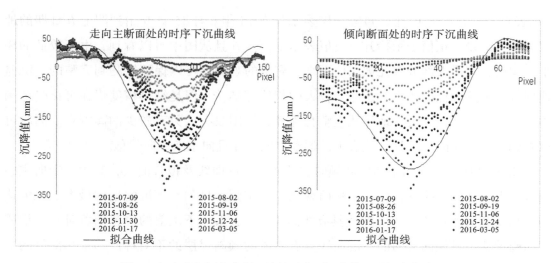

图 6-20　走向与倾向主断面处的时序下沉曲线以及拟合曲线

采深、下山方向采深、开采长度和开采宽度。

结合图 6-12 倾斜煤层的特征可知，东方向为下山方向，而西方向则为上山方向。

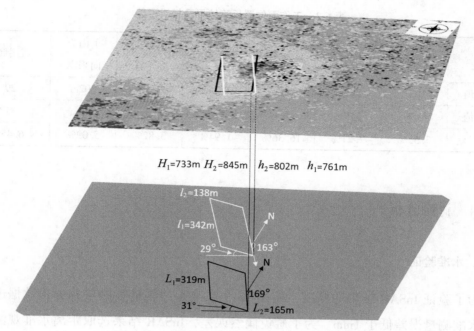

H_1=733m H_2=845m h_2=802m h_1=761m

图 6-21 反演工作面与实际工作面位置对比图

由于 InSAR 观测值波动较大，不容易确定拐点及边界点的位置，因此采用 6 次多项式对最终的下沉曲线进行拟合以求取各个特征点。根据特征点得到的工作面位置结果在表 6-2 中展示。走向方向由于采用了多个最大下沉点进行求取，结果较为精确，相对误差较小。由于倾向尚未达到充分采动，拐点位置更偏向采空区中心，导致相比走向长度的结果，倾向长度相对误差较大。平均采深的相对误差较小，是因为平均采深的计算借鉴了 Du 等(2019)的方法，采用较为稳定的采空区走向后侧边界进行计算，规避了由于不充分采动和盆地不稳定导致的误差。相比于下山方向，上山方向下沉曲线变化更剧烈，因此具有更准确的拐点位置，这也是上山方向采深的结果要比下山方向采深的相对误差更小的原因。

　　根据表 6-2 可以求得该方法计算采空区位置的平均相对误差为 6.35%，而基于复杂非线性模型算法的平均相对误差为 8.1%，忽略煤层倾角算法的平均相对误差为 12.6%，故本方法相比于 Du 等(2019)和 Yang 等(2018)，平均相对误差值分别缩小了 1.75% 和 6.25%。且相比于 Yang 等(2018)，本方法由于不依赖复杂非线性模型或算法，在保证可靠性高的同时也具有较高的计算效率。相比于 Du 等(2019)，本算法并未忽略煤层倾角对下沉盆地形状的贡献，因此可以获得煤层倾角。并且，工作面掘进方向由多个最大下沉点得到，可以有效控制偶然因素带来的误差。通过采用采动程度最大的盆地进行计算，避免了非充分采动造成的误差。

表 6-2　工作面位置反演结果及相对误差

	走向方向	走向长度	倾向长度	平均深度	上山方向采深	下山方向采深	煤层倾角
探测值	163°	342m	138m	759m	761m	802m	29°
实际值	169°	319m	165m	774m	733m	845m	31°
相对误差	3.55%	7.21%	16.36%	1.94%	3.82%	5.09%	6.45%

6.5.4　讨论分析

1. 水准验证

为了验证 InSAR 结果的精度，使用 42 个水准点的测量数据与 InSAR 数据进行对比。水准测量误差低于 1mm。为了避免偶然误差，InSAR 结果选取距离水准观测站最近的 5 个点进行反距离加权的方式求得。计算得到均方根误差（RMSE）为 35.28mm。对比图如图 6-22 所示。在下沉盆地边缘及中心 InSAR 结果出现了浮动，但是整体趋势保持一致。这表明 InSAR 监测结果较为准确。从图 6-22 中可以看出，通过多项式拟合可以去除大部分 InSAR 监测结果的波动。因此，本书的方法更依赖对于下沉盆地变形趋势监测的准确性，而非绝对精度。

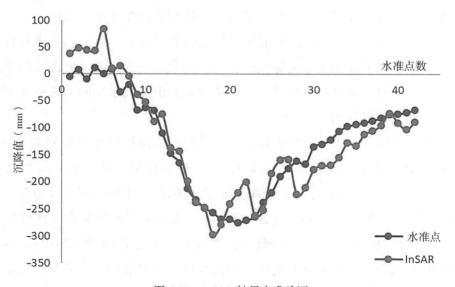

图 6-22　InSAR 结果水准验证

2. 倾向采深与主要影响半径的关系

在概率积分法模型中，倾向煤层的上山方向及下山方向主要影响半径的计算公式为

$$\begin{cases} r_1 = \dfrac{H_1}{\tan\beta} \\ r_2 = \dfrac{H_2}{\tan\beta} \end{cases} \tag{6-21}$$

式(6-21)表明，主要影响半径与采深成正比，而式(6-17)中，采深与主要影响半径的平方成正比。两者的区别在于，沉陷盆地的主要影响半径包含了煤层倾斜导致的额外的水平移动和法向移动，而主要影响半径计算公式中(式(6-21))认为主要影响角为一常数，仅考虑了不同采深导致的区别，由此公式得到的 r_1 和 r_2 被认为是理论主要影响半径，其物理意义并不代表真实盆地特征，而是概率积分法模型中的一个预测参数。

3. 非充分采动的影响

概率积分法参数与采动程度密切相关。下沉系数、水平移动系数和拐点偏移距都会随着采动程度的变化而变化。对本次实验造成影响的是拐点偏移距和主要影响半径。拐点偏移距随着采动程度的增加而减小，这意味着采动越不充分，拐点偏移距越大，相比于实际开采尺寸，计算得到的开采长度或宽度会越小。这也是倾向长度估计偏小的原因。主要影响半径随着采动程度的增大而增大。在本次实验中，计算的采深随着主要影响半径的增加而增加。因此，采动程度减小会导致计算的采深偏小。由于煤层下山方向采深值大于煤层上山方向，故煤层下山方向的采动程度小于上山方向，因此煤层下山方向采深的计算值偏小。同时，下山方向采动程度更小，意味着计算的采深受到的非充分采动影响更大。由表6-2可以看到，下山方向采深计算的误差大于上山方向的采深计算，也证明了这一观点。

6.6 本章小结

本章针对地下越界开采识别的地下采空区位置反演的问题，在描述和构建矿山地表开采沉陷监测模型的主要类及其相互关系的基础上，研究了一种基于 InSAR 技术和开采沉陷预计模型的地下采空区定位方法，提出了利用下沉盆地中的特征点对采空区

的位置和倾角进行计算的思路。并使用 FLAC3D 软件进行了模拟实验和分析，同时，还通过峰峰矿区 132610 工作面和 11 景 Radarsat-2 数据对该方法进行了验证，实验证明了该方法的精度与可靠性。接着，讨论了影响反演结果的相关因素，尽管会受到诸如 InSAR 监测精度和非充分采动的影响，但所展示出的结果仍然表明该方法具有原理简单、计算效率高、省时省力的优点，在越界开采的监测工作中具有一定的工程应用价值。

第 7 章　结论与展望

7.1　结论

非法开采是许多矿区存在的顽疾。监管部门为制止此类行为，采取了多种措施。但由于一些地下非法采矿隐蔽性强、分布面广，加之不法分子往往会采取措施来规避监管，这都加大了监管部门的查处难度，从而导致非法开采现象屡禁不止，严重影响矿山正常开采秩序，造成重大伤亡事故及生态环境破坏。然而，考虑到地下开采诱发的地表形变信息一般难以"祛除"，且相关监测手段、沉陷规律及预测预报研究较多，可以作为确定地下开采区域的关键痕迹或信息源，这在理论上为实现非法开采"抗干扰"、高效和快速的识别提供依据，但必须解决包括地表形变在内的地表采动信息获取、地表采动信息与地下开采区域的关联机理与模型、合法开采与非法开采的甄别等问题。因此，围绕上述的三个科学问题，本书在国家自然科学基金项目（51574221，41962018）的资助下，综合运用空间对地观测技术、GIS、开采沉陷等技术的理论成果，遵循"理论分析→问题凝练→模型构建→方法提出→实例验证→归纳总结"的研究思路，针对地下非法开采的不同类型，对如何集成 InSAR 和 GIS 技术来实现矿区地下非法采矿高效、快速、自动识别的方法进行探索与研究，取得了一定的成果，现将本书的主要工作和结论归纳如下：

（1）首先总结了当前利用 InSAR 技术进行矿区地表形变监测的研究发展现状，阐述了当前国内外 InSAR 与 GIS 技术集成应用以及在矿区地下非法采矿监测的研究发展现状和存在的主要问题。介绍了 SAR 成像原理以及 D-InSAR、PS-InSAR、SBAS-InSAR的基本原理、数据处理流程和工作方法，分析了 InSAR 形变探测的主要误差来源以及影响 InSAR 矿区形变监测精度的主要因素。

（2）针对矿山地下开采诱发的地质现象和动态过程，提出一种面向地下非法采矿识别的动态 GIS 时空数据概念模型。通过对矿山开采沉陷进行时空变化分析与表达，介绍了支持地质事件多因素驱动 GIS 时空数据模型的基本概念和框架结构，定义了各种地质对象及相关的地质事件，并从几何要素模型、时空过程模型、时空反演模型和非法识别模型四个层级方面进行了阐述。同时，通过对矿山开采沉陷时空变化过程进行模拟与描述，构建了支持地质时空过程动态表达的 GIS 数据模型，并对矿山开采沉陷各个类的详细结构和时空数据库表结构进行了描述。在此基础上，针对不同类型非法采矿事件识别的难点及不同应用需求，搭建一种集成 InSAR 与 GIS 技术进行地下非法采矿识别的平台体系，并为后续地下无证开采和越界开采的识别提供了一个人机交互式的空间决策支持。

（3）针对引起地表较大量级形变的地下无证开采事件，提出一种基于 D-InSAR 开采沉陷特征的地下无证开采识别方法。为了能及时地监测地下采矿事件，设计了一种"时序相邻式"的双轨 D-InSAR 方案，并对相关参数及数据处理方案进行精细化了操作。然后根据 D-InSAR 技术获取到的矿区地表差分干涉信息受地下开采的影响特征，并以差分干涉图中开采沉陷信息的空间、几何、形变三个典型特征作为划分准则，从矿区形变梯度计算、开采沉陷区轮廓生成和筛选、区域形状和梯度的相关性检测等方面，研究了从覆盖范围较大差分干涉图中快速、准确地圈定出地表沉陷区域的算法。并以山西省阳泉市郊区为实验对象，识别出该地区 2008 年 1 月至 2008 年 4 月期间的地下无证开采事件，并对识别结果进行了对比分析和实地验证。结果表明地下非法开采的识别结果与实际情况基本一致，具有较好的识别效果，且定位出的采矿点的位置较准确，与实际位置的差距一般控制在 20m 范围之内。

（4）针对引起地表小量级形变且隐蔽在房屋下的无证开采事件，提出一种融合 PS-InSAR 和光学遥感的地下无证开采识别方法。首先从语义分割角度利用深度卷积特征提取出矿区地表像素级建筑物轮廓，再结合 PS-InSAR 技术提取出矿区地表建筑物的 PS 点集沉陷信息，通过对建筑物时序 PS 点集的形变差值、形变梯度和累积形变量进行时空特征分析，筛查出存在异常形变的建筑物，对在自建民房内进行非法开采事件的快速识别提供更准确、全面的评估结果。并且，以山西省阳泉市郊区山底村为研究对象，选用 QuickBird-02、WorldView-02 高分辨率数据和 PALSAR 影像数据，探测出该村 2006 年 12 月 29 日至 2011 年 1 月 9 日期间发生过的 2 个非法采煤点，并通过对比分析和精度评价，得出局部区域非法开采点的探测率为 66.67%，准确率为 40%。

（5）针对越界开采识别地下采空区位置反演的问题，结合 InSAR 技术和开采沉陷预计方法，提出了一种面向越界开采识别的地下采空区位置反演方法。根据 InSAR 技术获取的矿区地表沉陷信息和特征，结合边界角与覆（围）岩性等地质环境因素存在的函数关系，提出利用下沉盆地中的特征点对采空区的位置和倾角进行计算反演的方法。为了验证该方法的适用性，使用 FLAC3D 软件进行了模拟实验，并与模拟预设参数进行对比，得出平均误差为 4.71%，表明了该方法在原理上的可行性。同时，还选用了峰峰矿区 132610 工作面和 11 景 Radarsat-2 影像数据来进行实验研究，得出反演出的采空区位置平均相对误差为 6.35%：相比于同类基于复杂非线性模型的算法，精度提升了 27.56%；相比于忽略煤层倾角的算法，精度提升了 98.27%。上述结果表明，该方法具有原理简单和计算效率高等优点，在越界开采的监测工作中具有一定的实际应用价值。

7.2 主要创新点

(1) 提出了一种基于 D-InSAR 开采沉陷特征的地下无证开采识别方法。以差分干涉图中开采沉陷信息的空间、几何、形变特征作为划分准则，研究了从覆盖范围较大的差分干涉图中快速、准确地圈定出地表沉陷区域的算法，为有效监测由地下开采引起地表较大量级形变的无证开采事件提供了一个行之有效的手段。

(2) 提出了一种融合 PS-InSAR 和光学遥感的地下无证开采识别方法。鉴于矿区地表建筑物在 SAR 影像中能对雷达波保持较强且稳定散射性的点目标，通过对这些建筑物点目标的沉陷信息进行时空特征分析，筛查出存在异常形变的建筑物，为查处隐藏在自建民房内偷采煤矿的行为提供了一种新的监测方式。

(3) 提出一种基于概率积分法原理和 InSAR 的方法，用于反演地下倾斜煤层采空区位置。由于该方法主要是利用下沉盆地中的特征点对采空区的位置和倾角进行计算，不依赖复杂非线性模型，且未忽略煤层倾角对下沉盆地形状的贡献，可以获得煤层倾角并有效控制偶然因素带来的误差，因此在矿山越界开采监测等领域具有较好的应用价值。

7.3 不足和展望

本书主要综合运用 InSAR 和 GIS 等相关技术对地下非法采矿监测问题进行了探索与研究，虽取得了一些研究成果，但仍在诸多方面存在不足和亟待完善之处。

(1) 对地下非法采矿的识别主要是依据由 InSAR 技术获取到的地表形变信息，但当地下开采量较小或开采不充分，未能波及地表，以致在矿区地表还不足以形成较为明显的开采形变特征时，将导致无法及时识别出地下非法开采事件。这还需进一步研究受地下开采影响的矿区典型地表要素信息机理，结合多传感器数据以及 GNSS、LiDAR、无人机等技术，总结或分析矿区地表其他采动信息（包括地物地貌、地表覆盖、植被、固体废弃物、土壤、水体、裂隙等变动信息）受地下开采的影响特点及在不同类别遥感影像上的特征，研究多特征获取及融合方法。

（2）针对越界开采识别的地下倾斜煤层开采面位置和范围反演的问题，主要还是以概率积分法为模型的算法基础，尽管其不依赖复杂非线性模型，在保证可靠性高的同时也具有较高的计算效率，但最终结果受参数的影响程度显著，且参数与采动程度也密切相关。因此，如何结合量子遗传算法和量子退火法等方法确定合理的沉陷预计参数，进一步优化反演算法模型，有待于进一步深入研究。

（3）本书研究的对象主要是针对无证和越界开采的现象，而没有考虑到越层开采的情况。这需进一步揭示地表采动信息与地下开采煤层的关联机理，建立充分考虑开采时间、开采厚度与深度等主要影响因素的时空关系模型，研究如何通过地表下沉量、地面矿堆，堆露在地表矿石、矸石及尾矿等采矿信息（痕迹），推断地下采厚、采出量或开采所在层位，进而推断越层开采的区域。

参 考 文 献

[1]白春妮.地下矿多源异质时空数据模型研究[D].西安：西安建筑科技大学，2016.

[2]曹代勇，占文峰，张军，等.邯郸-峰峰矿区新构造特征及其煤炭资源开发意义[J].煤炭学报，2007，32(2)：141-145.

[3]曹化平，张程，杨可明，等.基于GIS的矿山开采沉陷信息可视化应用[J].测绘工程，2010，19(3)：51-54，58.

[4]陈炳乾.面向矿区沉降监测的InSAR技术及应用研究[D].徐州：中国矿业大学（徐州），2015.

[5]陈基炜.InSAR-GPS-GIS数据整合在地面沉降研究中的应用[J].大地测量与地球动力学，2004(3)：87-91.

[6]陈秋生.峰峰矿区奥陶系灰岩水水质检测结果分析[J].职业与健康，2009，25(18)：1974-1974.

[7]陈旸.Radarsat-2的关键技术及军民应用研究[J].无线电工程，2007，37(6)：40-42.

[8]程建远，孙洪星，赵庆彪，等.老窑采空区的探测技术与实例研究[J].煤炭学报，2008，33(3)：251-255.

[9]代晶晶，王瑞江，王登红.高空间分辨率遥感数据在离子吸附型稀土矿山调查中的应用[J].遥感技术与应用，2014，29(6)：935-942.

[10]邓喀中，姚宁，卢正，等.D-InSAR监测开采沉陷的实验研究[J].金属矿山，2009，402(12)：25-27.

[11]邓喀中.变形监测及沉陷工程学[M].徐州：中国矿业大学出版社，2014.

[12]丁建全.基于D-InSAR技术的地下开挖空间分析[D].青岛：山东科技大学，2006.

[13]独知行，阳凡林，刘国林，等.GPS与InSAR数据融合在矿山开采沉陷形变监测中的应用探讨[J].测绘科学，2007，32(1)：55-57.

[14]杜亮亮，朱卫浩，田秀霞，等.邯郸地区不同等级降水日数气候特征分析[J].气

象与环境学报，2017，33（4）：102-107.

[15]杜培军，郑辉，张海荣. 欧共体 MINEO 项目对我国采矿环境影响综合监测的启示[J]. 2008，33（1）：71-75.

[16]杜培军. 遥感原理与应用[M]. 徐州：中国矿业大学出版社，2006.

[17]范洪冬，邓喀中，承达瑜. InSAR 拓展和融合技术在矿山开采监测中的应用[J]. 金属矿山，2008，382（4）：7-10.

[18]范洪冬. InSAR 若干关键算法及其在地表沉降监测中的应用研究[D]. 徐州：中国矿业大学（徐州），2010.

[19]方勇，孙龙. 2014 年世界航天发展的重要趋势与进展[J]. 卫星应用，2015（1）：24-29.

[20]冯杭建，张丰，孔瑛，等. 基于 TGIS 的地质灾害时空数据库研究[J]. 地质科技情报，2010，29（6）：110-117.

[21]冯琦，陈尔学，李文梅，等. 基于 ALOS PALSAR 数据的热带森林制图技术研究[J]. 遥感技术与应用，2012，27（3）：436-442.

[22]高峰. 环境卫星一号（ENVISAT-1）卫星系统[J]. 遥感技术与应用，1997，12（2）：67-73.

[23]龚健雅，李小龙，吴华意. 实时 GIS 时空数据模型[J]. 测绘学报，2014（3）：226-232.

[24]笱松平，董燕. 峰峰集团提高煤炭资源回采率的方法与途径[J]. 煤矿安全，2014，45（5）：191-193.

[25]郭达志，杨维平，韩国建. 矿山地理信息系统中的空间和时间四维数据模型[J]. 测绘学报，1993（1）：33-40.

[26]韩保民，欧吉坤，柴艳菊，等. 矿区开采沉陷 GPS 快速观测数据预处理方法[J]. 中国有色金属学报，2002，12（5）：1035-1039.

[27]韩瑞亮，李富平，南世卿，等. 基于监测非法采矿行为的微震监测功能二次开发技术[J]. 河北理工大学学报（自然科学版），2011，33（4）：13-18.

[28]何国清，杨伦. 矿山开采沉陷学[M]. 徐州：中国矿业大学出版社，1991.

[29]何建国. 长时序星载 InSAR 技术的煤矿沉陷监测应用研究[D]. 北京：中国矿业大学（北京），2010.

[30]何秀凤，何敏. InSAR 对地观测数据处理方法与综合测量[M]. 北京：科学技术出版社，2012.

[31]河北工程大学. 九龙矿矿井地质报告[R]. 邯郸：冀中能源峰峰集团有限公

司，2007.

[32]侯建国. 基于差分干涉雷达测量技术的哈尔滨市地面形变监测与综合分析研究[D]. 西安：长安大学，2011.

[33]胡俊. 基于现代测量平差的 InSAR 三维形变估计理论与方法[D]. 长沙：中南大学，2013.

[34]胡乐银，张景发，商晓青. SBAS-InSAR 技术原理及其在地壳形变监测中的应用[J]. 地壳构造与地壳应力文集，2010(00)：88-95.

[35]黄宝伟. 基于 D-InSAR 和 GIS 技术的煤矿区地面沉降监测研究[D]. 北京：中国石油大学(北京)，2011.

[36]黄采伦，黄晓煌. 矿区水害监测预警方法与应用研究[J]. 华北科技学院学报，2009，6(4)：11-18.

[37]黄其欢，何秀凤. D-InSAR 技术及其在监测地表形变中的应用[J]. 全球定位系统，2005，30(3)：19-23.

[38]黄世奇. 合成孔径雷达成像及其图像处理[M]. 北京：科学出版社，2015.

[39]贾利萍. 基于高分辨率影像的矿山开发遥感调查与监测应用研究[J]. 西部资源，2016(3)：11-13.

[40]姜岩，高均海. 合成孔径雷达干涉测量技术在矿山开采地表沉陷监测中的应用[J]. 矿山测量，2003(1)：5-7.

[41]李春雷，谢谟文，李晓璐. 基于 GIS 和概率积分法的北洺河铁矿开采沉陷预测及应用[J]. 岩石力学与工程学报，2007(6)：1243-1250.

[42]李春意，崔希民，侯吉祥. 地表与覆岩移动变形预计及模拟实验分析[M]. 北京：煤炭工业出版社，2012.

[43]李如仁，杨震，余博. GB-InSAR 集成 GIS 的露天煤矿边坡变形监测[J]. 测绘通报，2017(5)：26-30.

[44]李文，牟义，张俊英，等. 煤矿采空区地面探测技术与方法优化[J]. 煤炭科学技术，2011，39(1)：102-106.

[45]李小娟. 基于特征的时空数据模型及其在土地利用动态监测信息系统中的应用[D]. 北京：中国科学院遥感应用研究所，1999.

[46]李小龙. 支持动态数据管理与时空过程模拟的实时 GIS 数据模型研究[D]. 武汉：武汉大学，2014.

[47]李永树，韩丽萍. 地表移动与变形曲线形态分析[J]. 测绘学报，1998，27(2)：138-144.

[48]连达军. 矿区资源环境的采动累积效应研究[D]. 徐州：中国矿业大学，2008.

[49]廖程浩. 阳泉煤矿开采的景观生态效应和生态修复研究[D]. 北京：清华大学，2009.

[50]刘国祥. InSAR 原理与应用[M]. 北京：科学出版社，2019.

[51]刘继凯. 基于物探技术的矿山地质开采遥感监测分析[J]. 世界有色金属，2018（22）：27，29.

[52]刘立，高俊华，余德清，等. 矿山越界开采与采矿权面积关系遥感研究[J]. 地理空间信息，2019，17(6)：47-50，55，9.

[53]刘士余，孟菁玲，张成梁. 山西煤矿区土地荒漠化类型和成因分析[J]. 水土保持研究，2006，13(5)：163-165.

[54]刘燕学，胡宝林，张福顺，等. 河北省峰峰矿区通二井田石炭系—二叠系砂岩显微组构特征分析[J]. 现代地质，2003，17(1)：75-79.

[55]刘宇舟，李梦华，张路，等. ALOS-2 PALSAR-2 的干涉相干性分析——以黄河上游地区为例[J]. 测绘与空间地理信息，2016，39(3)：37-40.

[56]刘玉成，庄艳华. 地下采矿引起的地表下沉的动态过程模型[J]. 岩土力学，2009，30(11)：3406-3410，3416.

[57]刘玉成. 基于 Weibull 时间序列函数的动态沉陷曲线模型[J]. 岩土力学，2013，34(8)：2409-2413.

[58]马宏林. 欧洲两颗遥感卫星协同使用[J]. 航天返回与遥感，1995(4)：81.

[59]梅松华，盛谦，李文秀. 地表及岩体移动研究进展[J]. 岩石力学与工程学报，2013，23(S1)：4535-4539.

[60]煤炭工业部. 建筑物、水体、铁路及主要井巷煤柱留设与压煤开采规程[M]. 北京：煤炭工业出版社，1986.

[61]聂成良. 邯郸市峰峰矿区水资源综合规划利用研究[D]. 邯郸：河北工程大学，2010.

[62]宁树正，万余庆，孙顺新. 煤矿区沉陷与遥感监测方法探讨[J]. 中国煤炭地质，2008，20(1)：10-12.

[63]牛玉芬. SAR/InSAR 技术用于矿区探测与形变监测研究[D]. 西安：长安大学，2015.

[64]蒲川豪，许强，蒋亚楠，等. 延安新区地面沉降分布及影响因素的时序 InSAR 监测分析[J]. 武汉大学学报(信息科学版)，2020，45(11)：1728-1738.

[65]乔玉良，连胤卓，邬明权. 基于遥感与 GIS 数据融合的煤矿资源开发动态分

析［J］. 煤炭学报，2008，33（9）：1020-1024.

［66］阙翔. 面向动态过程模拟和实时表达的地质时空数据模型研究［D］. 北京：中国地质大学（北京），2015.

［67］邵立新，戴云展，周青松，等. 美国"长曲棍球"系列侦察卫星全面探析［J］. 外军信息战，2012（1）：24-27.

［68］盛耀彬. 基于时序 SAR 影像的地下资源开采导致的地表形变监测方法与应用［D］. 徐州：中国矿业大学（徐州），2011.

［69］石晓宇，魏祥平，杨可明，等. 基于 D-InSAR 技术和改进 GM（1，1）模型的矿区沉降监测与预计［J］. 金属矿山，2020（9）：173-178.

［70］舒宁. 雷达影像干涉测量原理［M］. 武汉：武汉大学出版社，2003.

［71］宋拓. 矿山地下开采三维时空数据模型的表达［D］. 唐山：华北理工大学，2018.

［72］宋韦剑，李淑贞，闵涛. 矿产资源开采远程监控系统的研究与实现［J］. 国土资源科技管理，2013，30（3）：93-97.

［73］陶秋香，刘国林，刘伟科. L 和 C 波段雷达干涉数据矿区地面沉降监测能力分析［J］. 地球物理学报，2012，55（11）：3681-3689.

［74］陶秋香，刘国林. 永久散射体差分干涉测量技术中 SAR 影像精配准的一种新方法［J］. 测绘学报，2012，41（1）：69-73.

［75］田善君. 面向矿山开采监管的时空数据模型研究［D］. 北京：中国地质大学，2013.

［76］汪洁，殷亚秋，于航，等. 基于 RS 和 GIS 的浙江省矿山地质环境遥感监测［J］. 国土资源遥感，2020，32（1）：232-236.

［77］汪云甲，张大超，连达军，等. 煤炭开采的资源环境累积效应［J］. 科技导报，2010，28（10）：61-67.

［78］王国胜，高广德，张广洲，等. 基于 SAR 和 GIS 输电线路广域监测系统设计及应用［J］. 水电能源科学，2013，31（10）：172-175.

［79］王行风，汪云甲，杜培军. 利用差分干涉测量技术监测煤矿区开采沉陷变形的初步研究［J］. 中国矿业，2007，16（7）：77-80.

［80］王行风，汪云甲，李永峰. 基于 SD-CA-GIS 的环境累积效应时空分析模型及应用［J］. 环境科学学报，2013，33（7）：2078-2086.

［81］王建民，单玉香. 应用信息化网络技术监测越层越界开采初探［J］. 煤矿安全，2009（11）：105-108.

［82］王刘宇，邓喀中，汤志鹏，等. D-InSAR 与 GIS 结合的高速公路变形监测［J］. 煤

炭工程，2015，47（1）：121-123.

［83］王强. 地面沉降地质灾害时空数据库建设［D］. 西安：长安大学，2015.

［84］王珊珊，季民，胡瑞林，刘国林，焦其松. 基于 InSAR-GIS 的矿区地面沉降动态分析平台的实现与应用［J］. 煤炭学报，2012，37（S2）：307-312.

［85］王珊珊. 矿区开采沉陷时空分析研究与应用［D］. 青岛：山东科技大学，2011.

［86］王永刚. 基于遥感和 GIS 技术的北京市矿产资源开发状况监测研究［J］. 国土资源信息化，2008（6）：6-11.

［87］魏钜杰，张继贤，黄国满，等. TerraSAR-X 影像直接地理定位方法研究［J］. 测绘通报，2009（9）：11-14.

［88］魏振泽. 如何认定非法采矿罪中的"情节严重"［N］. 中国矿业报，2016-04-09（004）.

［89］吴侃，汪云甲. 矿山开采沉陷监测及预测新技术［M］. 北京：中国环境科学出版社，2012.

［90］吴立新，高均海，葛大庆，等. 工矿区地表沉陷 D-InSAR 监测试验研究［J］. 东北大学学报，2005，26（8）：778-782.

［91］吴立新，高均海，葛大庆，等. 基于 D-InSAR 的煤矿区开采沉陷遥感监测技术分析［J］. 地理与地理信息科学，2004，20（2）：22-25.

［92］吴立新. 中国数字矿山进展［J］. 地理信息世界，2008，6（5）：6-13.

［93］吴瑞娟，何秀凤，杨智翔. ALOS 全色与多光谱影像融合的土地覆盖分类［J］. 地理空间信息，2012，10（1）：116-118.

［94］吴一戎，朱敏慧. 合成孔径雷达技术的发展现状与趋势［J］. 遥感技术与应用，2000，15（2）：121-123.

［95］吴岳，汪云甲，闫世勇，等. 时序 InSAR 技术与 GIS 结合监测地下水开采区地表沉降［J］. 桂林理工大学学报，2017，37（4）：635-640.

［96］谢海. 借鉴德国"鲁尔"发展经验，把握机遇突出重围——对阳泉现状及未来发展的思考［J］. 经济问题，2007（5）：124-126.

［97］邢学敏. CRInSAR 与 PSInSAR 联合监测矿区时序地表形变研究［D］. 长沙：中南大学，2011.

［98］徐彬. GIS 与 RS 系统集成研究［J］. 计算机与现代化，2009（11）：147-150.

［99］徐洪钟，李雪红. 基于 Logistic 增长模型的地表下沉时间函数［J］. 岩土力学，2005，26（S1）：151-153.

［100］徐良骥，刘哲，庞会，等. 多源数据下老采空区上方地表残余变形规律分析［J］.

测绘通报，2017(2)：45-48.

[101] 徐顺强，刘巧霞，李怡青，等. 密集台网微震定位技术在矿山开采动态监测中的应用研究[J]. 地震工程学报，2015，37(1)：266-270.

[102] 阎跃观. DInSAR 监测地表沉陷数据处理理论与应用技术研究[D]. 北京：中国矿业大学(北京)，2010.

[103] 杨光锐. 基于 GIS 与概率积分法的矿山开采沉陷预测研究[D]. 湘潭：湖南科技大学，2014.

[104] 杨晓哲. 矿区越界开采定位监测算法的研究与实现[D]. 桂林：桂林电子科技大学，2015.

[105] 杨言辰，李绪俊，马志红. 生产矿山隐伏矿体定位预测[J]. 大地构造与成矿学，2003，27(1)：83-90.

[106] 易辉伟，朱建军，李健，等. InSAR 矿区形变监测的边缘保持-Goldstein 组合滤波方法[J]. 中国有色金属学报，2012，22(11)：3185-3192.

[107] 尹宏杰，朱建军，李志伟，等. 基于 SBAS 的矿区形变监测研究[J]. 测绘学报，2011，40(1)：52-58.

[108] 尹章才，李霖，艾自兴. 基于图论的时空数据模型研究[J]. 测绘学报，2003，32(2)：168-172.

[109] 于广明，孙洪泉，赵建锋. 采矿引起地表点动态下沉的分形增长规律研究[J]. 岩石力学与工程学报，2001，20(1)：34-34.

[110] 袁德宝，崔希民，吴文敏. GPS 变形监测数据的小波分析与应用研究[M]. 北京：地质出版社，2012.

[111] 云影. 日本先进陆地观测卫星 ALOS-2[J]. 卫星应用，2014(6)：73.

[112] 张航，卢小平，郝波，等. 无人机在露天矿开采监管中的应用研究[J]. 采矿技术，2018，18(6)：111-114.

[113] 张鸿键. 矿山地表要素遥感特征提取与用地动态监测研究——以湖南省花垣县锰、铅锌矿区为例[D]. 长沙：湖南师范大学，2015.

[114] 张庆君. 高分三号卫星总体设计与关键技术[J]. 测绘学报，2017，46(3)：269-277.

[115] 张山山. 地理信息系统时空数据建模研究及应用[D]. 成都：西南交通大学，2001.

[116] 张淑燕. 基于 InSAR 技术的地表形变监测[D]. 长春：吉林大学，2010.

[117] 张文军，张志宏. 阳泉矿区高产高效矿井建设现状及发展趋势[J]. 煤矿开采，

2007, 12 (2)：8-10.

[118] 张学东, 吴立新, 葛大庆, 等. 基于相干目标短基线 InSAR 的矿业城市地面沉降监测研究 [J]. 煤炭学报, 2012, 37 (10)：1606-1611.

[119] 张予东, 马春艳. 基于 InSAR 技术和 SA-SVR 算法的矿区沉降预测模型 [J]. 金属矿山, 2020 (11)：197-202.

[120] 张振生, 孟昆, 谷延群. D-InSAR 技术在矿山沉陷和地面沉降监测中的应用 [J]. 华北地震科学, 2006, 24 (3)：47-51.

[121] 张直中. 机载和星载合成孔径雷达导论 [M]. 北京：电子工业出版社, 2004.

[122] 赵超英, 张勤, 朱武. 采用 TerraSAR-X 数据监测西安地裂缝形变 [J]. 武汉大学学报 (信息科学版), 2012, 37 (1)：81-85.

[123] 赵家乐, 陈浩. 高分遥感影像煤矿非法开采动态监测应用 [J]. 卫星应用, 2019 (7)：18-23.

[124] 赵晓东, 宋振骐. 开采沉陷预测的 GIS 面元栅格数字化模型及其应用 [J]. 煤炭学报, 2000, 25 (5)：473-477.

[125] 郑美楠, 邓喀中, 陈华, 等. 时序累积 DInSAR 与 GIS 结合的矿区沉降监测与分析 [J]. 煤矿安全, 2017, 48 (1)：160-163.

[126] 周学珍, 岳彩荣, 徐天蜀, 等. 基于 RS 和 GIS 的神府煤矿区开采秩序监测 [J]. 地理空间信息, 2013, 11 (1)：58-60, 13.

[127] 朱建军, 邢学敏, 胡俊, 等. 利用 InSAR 技术监测矿区地表形变 [J]. 中国有色金属学报, 2011, 21 (10)：2564-2576.

[128] 朱煜峰. 矿区地面沉降的 InSAR 监测及参数反演 [D]. 长沙：中南大学, 2013.

[129] 邹友峰, 邓喀中, 马伟民. 矿山开采沉陷工程 [M]. 徐州：中国矿业大学出版社, 2003.

[130] 邹瑜. 法学大辞典 [M]. 北京：中国政法大学出版社, 1991.

[131] Australia. Radarsat-1 Satellite [M]. Australia：Australia springer publishing house, 2014.

[132] Badrinarayanan V, Kendall A, Cipolla R. SegNet：A deep convolutional encoder-decoder architecture for image segmentation [J]. IEEE Transactions on Pattern Analysis and Machine Intelligence, 2019, 39 (12)：2481-2495.

[133] Baek J, Kim S, Park H, et al. Analysis of ground subsidence in coal mining area using SAR interferometry [J]. Geosciences Journal, 2008, 12 (3)：277-284.

[134] Bateson L, Cigna F, Boon D, et al. The application of the Intermittent SBAS (ISBAS)

InSAR method to the South Wales Coalfield, UK[J]. International Journal of Applied Earth Observation and Geoinformation, 2015, 34: 249-257.

[135] Berardino P, Fornaro G, Lanari R, et al. A new algorithm for surface deformation monitoring based on small baseline differential SAR interferograms [J]. IEEE Transactions on Geoscience and Remote Sensing, 2002, 40(11): 2375-2383.

[136] Bhattacharya A, Arora M K, Sharma M L. Usefulness of synthetic aperture radar (SAR) interferometry for digital elevation model (DEM) generation and estimation of land surface displacement in Jharia coal field area[J]. Geocarto International, 2012, 27(1): 57-77.

[137] Blanco P, Mallorqui J J, Navarrete D, et al. Application of the coherent pixels technique to the generation of deformation maps with ERS and ENVISAT data[C]// IEEE International Geoscience and Remote Sensing Symposium, 2005.

[138] Carnec C, Delacourt C. Three years of mining subsidence monitored by SAR interferometry, near Gardanne, France[J]. Journal of Applied Geophysics, 2000, 43 (1): 43-54.

[139] Carnec C, Massonnet D, King C. Two examples of the use of SAR interferometry on displacement fields of small spatial extent[J]. Geophysical Research Letters, 1996, 23 (24): 3579-3582.

[140] Chang H C, Ge L L, Rizos C. DInSAR for mine subsidence monitoring using multi-source satellite SAR images[C]//IEEE International Geoscience and Remote Sensing Symposium, 2005: 1742-1745.

[141] Colesanti C, Le Mouelic S, Bennani M, et al. Detection of mining related ground instabilities using the Permanent Scatterers technique-a case study in the east of France[J]. International Journal of Remote Sensing, 2005, 26(1): 201.

[142] Cuenca M C, Hooper A J, Hanssen R F. Surface deformation induced by water influx in the abandoned coal mines in Limburg, The Netherlands observed by satellite radar interferometry[J]. Journal of Applied Geophysics, 2013, 88(1): 1-11.

[143] Cumming I., Bennett J. R. Digital processing of Seasat SAR data [C]//IEEE International Conference on ICASSP, 1979.

[144] Massonnet D, Feigl K L. Radar interferometry and its application to changes in the Earth's surface[J]. Reviews of Geophysics, 1998, 36(4): 441-500.

[145] Dong S, Samsonov S, Yin H, et al. Spatio-temporal analysis of ground subsidence due

to underground coal mining in Huainan coalfield, China [J]. Environmental Earth Sciences, 2015, 73(9): 5523-5534.

[146] Du S, Wang Y, Zheng M, et al. Goaf locating based on insar and probability integration method[J]. Remote Sensing, 2019, 11(7): 812.

[147] Duzgun Sebnem, Kuenzer Claudia, Karacan Özgen. Applications of remote sensing and GIS for monitoring of coal fires, mine subsidence, environmental impacts of coal-mine closure and reclamation [J]. International Journal of Coal Geology, 2011, 86(1): 17-24.

[148] Farr T, Evans D, Zebker H, et al. Mission in the works promises precise global topographic data [J]. Eos Transactions American Geophysical Union, 1995, 76(22): 225-229.

[149] Ferretti A, Prati C, Rocca F. Nonlinear subsidence rate estimation using permanent scatterers in differential SAR interferometry[J]. IEEE Transactions on Geoscience & Remote Sensing, 2000, 38(5): 2202-2212.

[150] Ferretti A, Savio G, Barzaghi R, et al. Submillimeter accuracy of InSAR time series: Experimental validation [J]. IEEE Transactions on Geoscience & Remote Sensing, 2007, 45(5): 1142-1153.

[151] Ferretti A, Fumagalli A, Novali F, et al. A new algorithm for processing interferometric Data-Stacks: SqueeSAR [J]. IEEE Transactions on Geoscience & Remote Sensing, 2011, 49(9): 3460-3470.

[152] Ferretti A, Prati C, Rocca F. Analysis of permanent scatterers in SAR interferometry [J]. IEEE Transactions on Geoscience and Remote Sensing, 2000, 39(1): 761-763.

[153] Grond G J A. A critical analysis of early and modern theories of mining subsidence and ground control[D]. Leeds: University of Leeds, 1953.

[154] Gabriel A K, Goldstein R M, Zebker H A. Mapping small elevation changes over large areas: differential radar interferometry [J]. Journal of Geophysical Research, 1989, 94: 9183-9191.

[155] Gang Liu, Xiang Que, Xiaonan Hu, et al. Spatiotemporal data model for Multi-Factor Geological Process Analysis with Case Study [M]. Berlin: Springer Berlin Heidelberg, 2014.

[156] Ge L, Chang H C, Rizos C, et al. Mine subsidence monitoring: a comparison among ENVISAT, ERS, and JERS-1[C]//2004 ENVISAT Symposium, Salzburg, Austria.

2004: 6-10.

[157] Ge L, Chang H C, Rizos C. Mine subsidence monitoring using multi-source satellite SAR images[J]. Photogrammetric Engineering and Remote Sensing, 2007, 73(3): 259-266.

[158] Ge L, Rizos C, Han S, et al. Mining subsidence monitoring using the combined InSAR and GPS approach [C]//International Symposium on Deformation Measurements, 2001: 1-10.

[159] Ge Linlin, Chang Hsing-Chung, Janssen V, et al. Integration of GPS, Radar Interferometry and GIS for ground deformation monitoring [C]//2003 Int. Symp. on GPS/GNSS, Toyko, Japan, 2003: 465-472.

[160] Gerling T W. Structure of the surface wind field from the Seasat SAR[J]. Journal of Geophysical Research Oceans, 1986, 91: 2308-2320.

[161] Griffiths H. Interferometric synthetic aperture radar[J]. Electronics & Communication Engineering Journal, 2002, 7(4): 247-256.

[162] Kratzsch H. Mining Subsidence Engineering [M]. New York: Springer-Verlag Berlin Heidelberg, 2011.

[163] Düzgün H Ş, Demirel N. Remote Sensing of the Mine Environment[M]. Boca Raton: CRC Press, 2011.

[164] Hanssen R, Usai S. Interferometric phase analysis for monitoring slow deformation processes[C]// Third ERS Symposium, 1997.

[165] Hennig T A, Kretsch J L, Pessagno C J, et al. The Shuttle Radar Topography Mission[C]//International Symposium on Digital Earth Moving, 2001.

[166] Hooper A, Zebker H, Segall P, et al. A new method for measuring deformation on volcanoes and other natural terrains using InSAR persistent scatterers[J]. Geophysical Research Letters, 2004, 31(23): 1-5.

[167] Hu Z, Ge L, Li X, et al. Designing an illegal mining detection system based on DinSAR[C]// Geoscience and remote sensing symposium, 2010: 3952-3955.

[168] Iglesias R. High-Resolution space-borne and ground-based sar persistent scatterer interferometry for landslide monitoring [D]. Catalunya: Universitat Politècnica de Catalunya. BarcelonaTech (UPC), 2015.

[169] Jarosz A, Wanke D. Use of InSAR for Monitoring of Mining Deformations[J]. Proc. of Fringe Workshop, 2003: 283-288.

［170］Jezek K C. Glaciological properties of the Antarctic ice sheet from Radarsat-1 synthetic aperture radar imagery［J］. Annals of Glaciology, 1999, 29(1): 286-290.

［171］Jirankova E. Specifics in the formation of substituence through in the Karvina part of the Ostrava-Karvina coalfield with the use radar interferometry［J］. Acta Geodynamica Et Geomaterialia, 2016, 13(3): 263-269.

［172］José M Azcue, Earle A Ripley, Robert E. Redman. Environmental Impacts of Mining Activities［M］. New York: Springer, 1999.

［173］Jung H C, Kim S W, Jung H S, et al. Satellite observation of coal mining subsidence by persistent scatterer analysis［J］. Engineering Geology, 2007, 92(1): 1-13.

［174］Kurt W Katzenstein. Mechanics of InSAR-identified bedrock subsidence associated with mine-dewatering in North-Central Nevada［D］. Nevada: University of Nevada, 2008.

［175］Langran G. Time in geographic information systemss［M］. London: Taylor & Francis Ltd., 1992.

［176］Liu D, Shao Y, Liu Z, et al. Evaluation of InSAR and TomoSAR for monitoring deformations caused by mining in a mountainous area with high resolution satellite-based SAR［J］. Remote Sensing, 2014, 6(2): 1476-1495.

［177］Lombardo P. A multichannel spaceborne radar for the COSMO-Skymed Satellite Constellation［J］. 2004, 1: 119.

［178］Thomas M D, Lowe Carmel, Morris William Adrian, et al. Geophysics in mineral exploration［R］. Geological Association of Canada, 1999.

［179］Massonnet D, Rossi M, Carmona C, et al. The displacement field of the Landers earthquake mapped by radar interferometry［J］. Nature, 1993, 364(6433): 138-142.

［180］Mennis J L, Peuquet D J, Qian L. A conceptual framework for incorporating cognitive principles into geographical database representation ［J］. International Journal of Geographical Information Science, 2000, 14(6): 501-520.

［181］Migliaccio M, Nunziata F, Montuori A, et al. A multifrequency polarimetric SAR processing Chain to observe oil fields in the Gulf of Mexico［J］. IEEE Transactions on Geoence & Remote Sensing, 2011, 49(12): 4729-4737.

［182］Miller F P, Vandome A F, Mcbrewster J. Lacrosse (Satellite) ［M］. Saarbrücken: Alphascript Publishing, 2010.

［183］Mora O, Mallorqui J J, Broquetas A. Linear and nonlinear terrain deformation maps from a reduced set of interferometric SAR images［J］. IEEE Transactions on Geoence &

Remote Sensing, 2003, 41(10): 2243-2253.

[184]Ng A H, Ge L, Zhang K, et al. Deformation mapping in three dimensions for underground mining using InSAR-Southern highland coalfield in New South Wales, Australia[J]. International Journal of Remote Sensing, 2011, 32(22): 7227-7256.

[185]Pablo Blanco-Sánchez, Jordi J Mallorquí, Duque S, et al. The Coherent Pixels Technique (CPT): An advanced DInSAR technique for nonlinear deformation monitoring[J]. Pure and Applied Geophysics, 2008, 165(6): 1167-1193.

[186]Pang M Y C, Shi W, Chen Y. A process-based temporal data model for digital earth[C]//The International Symposium on Digital Earth, 1999.

[187]Panigrahi D C, Bhattacherjee R M. Development of modified gas indices for early detection of spontaneous heating in coal pillars[J]. Journal of The South African Institute of Mining and Metallurgy, 2004, 104(7): 367-380.

[188]Perski Z. Applicability of ERS-1 and ERS-2 InSAR for land subsidence monitoring in the Silesian coal mining region, Poland[J]. International Archives of Photogrammetry and Remote Sensing, 1998, 32: 555-558.

[189]Peuquet D J, Duan N. An event-based spatiotemporal data model (ESTDM) for temporal analysis of geographical data [J]. International Journal of Geographical Information Systems, 1995, 9(1): 7-24.

[190]Peuquet D J. A conceptual framework and comparison of spatial data models [J]. Cartographica: The International Journal for Geographic Information and Geovisualization, 1984, 21(4): 66-113.

[191]Prakash A, Fielding E J, Gens R, et al. Data fusion for investigating land subsidence and coal fire hazards in a coal mining area [J]. International journal of remote sensing, 2001, 22(6): 921-932.

[192]Przylucka M, Herrera G, Graniczny M, et al. Combination of conventional and advanced DInSAR to monitor very fast mining subsidence with TerraSAR-X Data: Bytom City (Poland)[J]. Remote Sensing, 2015, 7(5): 5300-5328.

[193]Ren L, Yang J, Zheng G, et al. Significant wave height estimation using azimuth cutoff of C-band Radarsat-2 single-polarization SAR images[J]. Acta Oceanologica Sinica, 2015, 34(12): 93-101.

[194]Samsonov S, D Oreye N, Smets B. Ground deformation associated with post-mining activity at the French-German border revealed by novel InSAR time series method[J].

International Journal of Applied Earth Observation & Geoinformation, 2013, 23(8): 142-154.

[195] Sandwell D T, Price E J. Phase gradient approach to stacking interferograms[J]. Journal of Geophysical Research Solid Earth, 1998, 103(12): 30183-30204.

[196] Small D, Wegmüller U, Meier E, et al. Applications of Geocoded ERS-1 InSAR-derived digital terrain information[C]//CEOS WGCV SAR Calibration & Validation Workshop, 1994.

[197] Spreckels V, Wegmüller U, Strozzi T, et al. Detection and observation of underground coal mining-induced surface deformation with differential SAR interterometry[J]. ISPRS Workshop, 2001, 23(1): 227-234.

[198] Strozzi T, Wegmuller U, Werner C L, et al. JERS SAR interferometry for land subsidence monitoring[J]. IEEE Transactions on Geoscience & Remote Sensing, 2003, 41(7): 1702-1708.

[199] Hindu T. Illegal mining: Lokayukta slams government[EB/OL]. [2009-07-14][2009-11-19]. http://www.hindu.com/2009/07/14/stories/2009071461270100.htm.

[200] Thapa S, Chatterjee R S, Singh K B, et al. Land subsidence monitoring using PS-InSAR technique for L-Band SAR Data[J]. International Archives of the Photogrammetry, Remote Sensing and Spatial Information Sciences, 2016, 40: 995-997.

[201] Ketelaar V B H. Satellite radar interferometry: Subsidence monitoring techniques[M]. New York: Springer, 2010.

[202] Velotto D, Bentes C, Tings B, et al. First comparison of Sentinel-1 and TerraSAR-X Data in the framework of maritime targets detection: South Italy Case[J]. IEEE Journal of Oceanic Engineering, 2016, 41(4): 993-1006.

[203] Wang L, Li N, Zhang X N, et al. Full parameters inversion model for mining subsidence prediction using simulated annealing based on single line of sight D-InSAR[J]. Environmental Earth Sciences, 2018, 77(5): 161. 1-161. 11.

[204] Wang Z, Yu S, Tao Q, et al. A method of monitoring three-dimensional ground displacement in mining areas by integrating multiple InSAR methods[J]. International Journal of Remote Sensing, 2018, 39(3-4): 1199-1219.

[205] Wegmueller U, Walter D, Spreckels V, et al. Nonuniform ground motion monitoring with TerraSAR-X persistent scatterer interferometry[J]. IEEE Transactions on

Geoscience and Remote Sensing, 2010, 48(02): 895-904.

[206] Wegmuller U, Strozzi T, Werner C, et al. Monitoring of mining-induced surface deformation in the Ruhrgebiet (Germany) with SAR interferometry[C]//Geoscience and Remote Sensing Symposium, 2000.

[207] Worboys M F. Object-oriented approaches to geo-referenced information[J]. International Journal of Geographical Information Systems, 1994, 8(4): 385-399.

[208] Wright P A, Stow R J. Detection and measurement of mining subsidence by SAR interferometry[C]//IEEE Colloquium on Radar Interferometry. London, 1997: 1-6.

[209] Wright P, Stow R. Detecting mining subsidence from space[J]. International Journal of Remote Sensing, 1999, 20(6): 1183-1188.

[210] Zhao X, Jiang X. Coal mining: Most deadly job in China[EB/OL]. [2004-11-13][2005-03-12]. http://www.chinadaily.com.cn/english/doc/2004-11/13/content_391242.htm.

[211] Yan W, Liao M S, De-Ren L I, et al. Subsidence velocity retrieval from long-term coherent targets in radar interferometric stacks[J]. Chinese Journal of Geophysics, 2007, 50(2): 598-604.

[212] Yang Z, Li Z, Zhu J, et al. An alternative method for estimating 3-D large displacements of mining areas from a single SAR Amplitude Pair using offset tracking[J]. IEEE Transactions on Geoence and Remote Sensing, 2018, 56(7): 3645-3656.

[213] Yang Z, Li Z, Zhu J, et al. An InSAR-based temporal probability integral method and its application for predicting mining-induced dynamic deformations and assessing progressive damage to surface buildings[J]. IEEE Journal of Selected Topics in Applied Earth Observations and Remote Sensing, 2018, 4(2): 1-13.

[214] Yang Z, Li Z, Zhu J, et al. Locating and defining underground goaf caused by coal mining from space-borne SAR interferometry[J]. ISPRS Journal of Photogrammetry and Remote Sensing, 2018, 135: 112-126.

[215] Yang Z, Li Z, Zhu J, et al. Time-series 3-D mining-induced large displacement modeling and robust estimation from a single-geometry SAR amplitude data set[J]. IEEE Transacti-ons on Geoscience and Remote Sensing, 2018(99): 1-11.

[216] Yuan M. Representation of wildfire in geographic information systems[D]. Buffalo: Department of Geography, State University of New York, 1994.

［217］Hu Z, Ge L, Li X, et al. An underground-mining detection system based on DInSAR［J］. IEEE Transactions on Geoscience and Remote Sensing, 2011, 51（4）: 615-625.

［218］Zhang L, Ding X, Lu Z. Deformation rate estimation on changing landscapes using temporarily coherent point InSAR［C］//Fringe, 2012.

［219］Zhao C Y, Zhang Q, Yang C, et al. Integration of MODIS data and Short Baseline Subset（SBAS）technique for land subsidence monitoring in Datong, China［J］. Journal of Geodynamics, 2011, 52（1）: 16-23.

［220］Zheng M, Deng K, Fan H, et al. Monitoring and analysis of mining 3D deformation by multi-platform SAR images with the probability integral method［J］. Frontiers of Earth Science, 2019, 13（1）: 169-179.